Wulf Werum
Hans Windauer

PEARL

Process and Experiment Automation Realtime Language

Beschreibung mit Anwendungsbeispielen

Vieweg

CIP-Kurztitelaufnahme der Deutschen Bibliothek

Werum, Wulf
Process and experiment automation realtime language: PEARL/Wulf Werum; Hans Windauer. – 1. Aufl. – Braunschweig: Vieweg, 1978.

NE: Windauer, Hans:; Werum, Wulf: PEARL;

Verlagsredaktion: *Alfred Schubert*

1978

Buchbinder: W. Langelüddecke, Braunschweig
Umschlaggestaltung: Peter Morys, Wolfenbüttel

ISBN-13: 978-3-528-03500-6 e-ISBN-13: 978-3-322-86147-4
DOI: 10.1007/978-3-322-86147-4

Geleitwort

Die **Angewandte Informatik** fühlt sich der gesamten Entwicklung auf dem Gebiet der anwendungsbezogenen Arbeiten für die Datenverarbeitung und den anwendungsorientierten Entwicklungen der Informatik verpflichtet. Diese Aufgabe kann mit dem Textteil der Zeitschrift nicht immer erfüllt werden. Aus diesem Grunde wurde für umfangreichere Beiträge, die nur einen sehr speziellen Leserkreis interessieren, der Depotteil eingeführt. Nun warten aber auch Beiträge, die zu umfangreich für eine Aufsatzfolge sind und einen breiten Leserkreis interessieren dürften, auf die Veröffentlichung. Dabei handelt es sich zumeist um Themen hoher Aktualität, die eine schnelle verlegerische Behandlung erfordern und nicht in Form einzelner Bücher publiziert werden können. Für diesen Zweck sollen die früher schon einmal erschienenen Beihefte wieder aufgegriffen und als ergänzendes Angebot zur **Angewandten Informatik** herausgegeben werden.

Die vorliegende Schrift zu der Computersprache PEARL bietet einen guten Start für die AI-Beihefte. Es handelt sich bei dieser Sprache um eine sehr eigenständige Entwicklung, die der notwendigen Spezialisierung auf dem Gebiet der Computersprachen einerseits Rechnung trägt und andererseits durch eine breite Abstimmung mit den betroffenen Interessenten charakterisiert ist.

Wir möchten dem Verlag für seine Bereitschaft, die Beihefte in sein Programm aufzunehmen, sehr herzlich danken und hoffen sehr, daß schon dieses erste Heft einen breiten und interessierten Leserkreis finden wird.

Paul Schmitz, Norbert Szyperski

Vorwort

PEARL (Process and Experiment Automation Realtime Language) ist eine höhere Programmiersprache, die eine weitgehend rechnerunabhängige Programmierung von Echtzeitaufgaben aus allen Gebieten des Einsatzes von DV-Anlagen zur Steuerung von Prozessen erlaubt.

Die vorliegende Beschreibung definiert den Sprachumfang des PEARL-Subsets, für den die Firmen mbp, Mathematischer Beratungs- und Programmierungsdienst GmbH, Dortmund, und Entwicklungsbüro Wulf Werum, Lüneburg, die Implementierung, bestehend aus Compiler und Betriebssystem, für gängige Prozeßrechner durchführen.

Dieser Subset („mbp-PEARL“) ist in Full PEARL enthalten; er umfaßt Basic PEARL vollständig.

Basic PEARL ist von den Firmen AEG, BBC, Dietz, GPP, Krupp-Atlas, mbp, Siemens und Werum als der mindestens zu implementierende Sprachumfang von PEARL akzeptiert worden. Über Basic PEARL hinaus enthält mbp-PEARL vor allem solche Sprachelemente von Full PEARL, die eine elegante und effiziente Programmierung von dispositiven Aufgaben und höheren Betriebssystemen, insbesondere bezüglich der Listenverarbeitung, ermöglichen. Die Einschränkungen gegenüber Full PEARL betreffen hauptsächlich Sprachelemente, die einen zusätzlichen Speicher- und Verwaltungsaufwand zur Laufzeit der PEARL-Programme erfordern. Diese Sprachelemente werden im Anhang genauer charakterisiert.

In der Einführung dieser Beschreibung werden die Merkmale von PEARL skizziert, die es wesentlich von den bekannten höheren Programmiersprachen wie FORTRAN oder PL/I unterscheiden. Aus Gründen des besseren Verständnisses beschreibt der dann folgende Teil II nur jene Möglichkeiten, die zur Erstellung einfacher PEARL-Programme ausreichen. Weiterführende Möglichkeiten werden im Teil III behandelt.

Der Anhang enthält eine Liste aller Schlüsselwörter, eine Aufstellung aller Datentypen und ihrer Verwendungsmöglichkeiten, eine vollständige Darstellung der Syntax, da in den einzelnen Abschnitten aus didaktischen Gründen nicht immer alle syntaktischen Möglichkeiten beschreiben werden sowie eine funktionale Beschreibung der Einschränkungen gegenüber Full PEARL.

Zur Erstellung der vorliegenden Sprachbeschreibung wurden die folgenden Schriften verwendet, wobei vor allem die Beschreibung von Basic PEARL hilfreich war:

- Basic PEARL Language Description. Gesellschaft für Kernforschung mbH, Karlsruhe; PDV-Report KFK-PDV 120, 1977.
- Full PEARL Language Description. Gesellschaft für Kernforschung mbH, Karlsruhe; PDV-Report KFK-PDV 130; erscheint demnächst.
- Die Arbeitspapiere des PEARL-Subset-Arbeitskreises.
- mbp-PEARL, Sprachreport. mbp und Werum, 1975.

Für wertvolle Diskussionen und Korrekturen danken die Verfasser den Herren R. Blumenthal, Dr. T. Roestel, Gerd R. Sapper und H.-G. Vowinkel.

INHALTSVERZEICHNIS

TEIL I:

EINFÜHRUNG

1. WESENTLICHE MERKMALE

1.1 Echtzeiteigenschaften

Ein DV-Programm zur on-line-Steuerung oder -Auswertung eines technischen Prozesses muß möglichst schnell auf spontane Meldungen des Prozesses oder zeitliche Ereignisse reagieren können. Deshalb genügt es meist nicht, die einzelnen Programmschritte sequentiell, d.h. in zeitlich unveränderlicher Reihenfolge anzuordnen und durchzuführen. Vielmehr muß die mehr oder weniger komplexe Automationsaufgabe in problemgerechte Teilaufgaben mit unterschiedlicher Dringlichkeit zerlegt und die Programmstruktur dieser Aufgabenstruktur angepaßt werden. Dabei entstehen selbständige Programmteile für Teilaufgaben, die zeitlich sequentiell innerhalb anderer Aufgaben bearbeitet werden können (z.B. Prozeduren); es entstehen aber auch selbständige Programmelemente für Teilaufgaben, die aufgrund eines zeitlich nicht unbedingt festgelegten Anstoßes (z.B. einer Störmeldung aus dem Prozeß) sofort zeitlich parallel zu allen anderen Aufgaben bearbeitet werden müssen. Die Ausführung eines solchen Programmelementes wird Task genannt; zur Festlegung ihrer Dringlichkeit können Tasks mit Prioritäten versehen werden.

Für die Vereinbarung und das Zusammenspiel von Tasks untereinander und mit dem technischen Prozeß bietet PEARL folgende Möglichkeiten:

- Vereinbarung von Tasks, z.B.

```
NACHSCHUB: TASK PRIORITY 2;
           Taskkörper (Vereinbarungen, Anweisungen)
           END;
```

- Start (Aktivierung), z.B.

```
ACTIVATE NACHSCHUB ;
```

- Beenden, z.B.

```
TERMINATE DRUCKEN ;
```

- Anhalten, z.B.

```
SUSPEND STATISTIK ;
```

- Fortsetzen, z.B.
  CONTINUE STATISTIK ;

- Verzögern, z.B.
  AFTER 5 SEC RESUME ;

Entsprechend den Anforderungen von Automationsaufgaben können manche dieser Anweisungen für die (wiederholte) Ausführung eingeplant werden, z.B. für den Fall des Eintritts einer Uhrzeit, den Ablauf einer Zeitdauer oder den Eintritt einer Meldung:

WHEN FERTIG ACTIVATE NACHSCHUB ;
(Bedeutung: Jedes Mal, wenn der Interrupt FERTIG auftritt, ist die Task NACHSCHUB zu aktivieren)

Einplanungen können auch den zeitlich periodischen Start vorsehen:

AT 12:0:0 EVERY 30 MIN UNTIL 15:0:0 ACTIVATE PROTOKOLL ;

Sofern nicht entsprechende Maßnahmen dies verhindern, führen verschiedene Tasks ihre Anweisungen unabhängig voneinander aus. Mitunter ist jedoch eine Synchronisierung zweier oder mehrerer Tasks erforderlich, z.B. wenn eine Task für eine andere Task Daten erzeugt und in einen Puffer ablegt. Hier darf der Erzeuger nicht schneller arbeiten als der Verbraucher. Komplexere Synchronisationsprobleme treten auf, wenn z.B. eine Task exklusiv (weil schreibend) auf eine Datei zugreifen muß, andere jedoch untereinander simultan (weil lesend) zugreifen können. Zur Lösung solcher Synchronisationsprobleme enthält PEARL die Synchronisationsgrößen Sema- und Boltvariablen.

1.2 Ein- und Ausgabe-Möglichkeiten

Die Übertragung von Daten zu bzw. von Geräten der Standardperipherie (Drucker, Lochkartenleser, Platte usw.) oder Prozeßperipherie (Meßwertgeber, Stellglieder usw.) sowie die Verwaltung von Dateien erfolgen mit Hilfe rechnerunabhängiger Anweisungen.

Geräte und Dateien werden unter dem Begriff Datenstation zusammengefaßt. Im wesentlichen werden zwei Arten der Datenübertragung unterschieden:

. Die Übertragung der Daten ohne Formatsteuerung, d.h. in rechnerinternem Format:
  Diese Art der Datenübertragung wird für den Dateiverkehr, der sequentielle und direkte Zugriffe erlaubt, sowie für die Übertragung von Prozeßdaten eingesetzt.

  Beispiele:

  ```
  READ STAMMSATZ FROM STAMMDATEI BY POS (10) ;
  WRITE EIN TO MOTOR (I) ;
  ```

. Die Übertragung der Daten mit Formatsteuerung, d.h. mit Umwandlung zwischen internem Format und der externen Darstellung mit den auf der Datenstation zur Verfügung stehenden Möglichkeiten:
  Damit ist z.B. die Darstellung in den Zeichen des Zeichensatzes der Datenstation gemeint (zeichenweise Formatierung ähnlich PL/I).

  Beispiel:

  ```
  PUT ERGEBNIS TO DRUCKER BY FORMAT3 ;
  ```

Die Namen der Datenstationen sind frei wählbar. Dies wird durch die Aufteilung eines PEARL-Programms in rechnerabhängige und weitgehend rechnerunabhängige Teile erreicht.

1.3 Programmstruktur

Programmsysteme zur Lösung komplexer Automationsaufgaben sollten modular aufgebaut werden. PEARL kommt dieser Forderung dadurch entgegen, daß ein PEARL-Programm aus einem oder mehreren getrennt übersetzbaren Moduln besteht. Damit die Anweisungen für die Datenübertragung sowie für die Einplanung von Reaktionen auf Meldungen des technischen Prozesses (Interrupts) oder der Rechnerhardware (Signale) rechnerunabhängig programmiert werden können, gliedert sich ein Modul normalerweise in einen Systemteil und einen Problemteil.

Im Systemteil wird die eingesetzte Hardware-Konfiguration beschrieben. Insbesondere können hier den Geräten und ihren Verbindungen, den Interrupts und Signalen, frei gewählte Namen zugeordnet werden. So besagt das folgende Beispiel, daß die Steuerung des Regalförderzeugs RFZ mit den Anschlüssen 2 bis 9 des Digitalausgabewerkes DIGOUT(3) verbunden ist:

```
RFZ : DIGOUT(3) * (2:9) -> ;
```

Dabei sei DIGOUT(3) der rechnerspezifische Systemname des Digitalausgabewerkes; die Anschlüsse 2 bis 9 erhalten den frei gewählten rechnerunabhängigen Benutzernamen RFZ.

Unter Verwendung der im Systemteil eingeführten Benutzernamen wird im Problemteil der eigentliche Algorithmus zur Lösung der Automationsaufgabe rechnerunabhängig programmiert, z.B.:

```
WRITE AUSGABE TO RFZ ;
```

2. REGELN ZUM AUFBAU VON PEARL-SPRACHFORMEN

Ein PEARL-Programm kann formatfrei, d.h. ohne Verwendung spezieller Programmformulare geschrieben werden; es muß insbesondere nicht darauf geachtet werden, daß eine Anweisung in einer bestimmten Spalte beginnt.

Alle Elemente eines PEARL-Programms werden aus Zeichen des folgenden Zeichensatzes erstellt. Allerdings dürfen Zeichenkettenkonstanten und Kommentare jedes Zeichen enthalten, das die benutzte Maschinenkonfiguration zuläßt.

2.1 Zeichensatz

Der Zeichensatz von PEARL enthält

- die Großbuchstaben A bis Z
- die Ziffern 0 bis 9 und
- die Sonderzeichen
  - ␣ Transportzeichen (Zwischenraum, Zeilenvorschub, Kartenende, Wagenrücklauf usw.),
  - ' Apostroph
  - (runde Klammer auf,
  -) runde Klammer zu,
  - , Komma
  - . Punkt,
  - ; Semikolon,
  - : Doppelpunkt
  - + Pluszeichen (z.B. für Addition, Vorzeichen),
  - - Minuszeichen (z.B. für Subtraktion, Vorzeichen),
  - * Stern (z.B. für Multiplikation),
  - / Schrägstrich (z.B. für Division),
  - = Gleichheitszeichen (z.B. für Zuweisung),
  - < Kleiner-Zeichen,
  - > Größer-Zeichen,
  - [Strukturklammerungszeichen,
  -] Strukturklammerungszeichen.

Die Zeichen [und] erscheinen in der Programmniederschrift normalerweise als eckige Klammern "[" und "]"; hier wird die unterstrichene Form gewählt, um sie von den Optionalklammern in der Beschreibung der Sprachformen zu unterscheiden.

Die folgenden Zeichenkombinationen werden jeweils als eine Einheit (zusammengesetztes Symbol) interpretiert:

** Exponentiationssymbol,
/* Kommentar-Beginn,
*/ Kommentar-Ende,
// Symbol für ganzzahlige Division,
== Gleich-Symbol,
/= Ungleich-Symbol,
<= Kleiner-Gleich-Symbol,
>= Größer-Gleich-Symbol,
<> C-Shift-Symbol,
>< Verkettungssymbol.

Falls auf dem Gerät für die Programmniederschrift nicht alle Symbole zur Verfügung stehen, können folgende Zeichenfolgen alternativ benutzt werden:

LT für <
GT für >
NE für /=
LE für <=
GE für >=
CSHIFT für <>
CAT für ><
(/ für [
/) für]

2.2 Grundelemente

Ein PEARL-Programm wird aus folgenden Grundelementen aufgebaut:

- Bezeichner
- Zahlenkonstanten
- Kettenkonstanten
- Zeitkonstanten
- Trennzeichen (das sind Sonderzeichen und zusammengesetzte Symbole) und
- Kommentare.

Auf die Zeichenfolge für Bezeichner, Zahlen-, Zeit- und Kettenkonstanten müssen Trennzeichen oder Kommentare folgen.

2.2.1 Bezeichner

Bezeichner werden zur Bildung von Namen für Objekte (z.B. Zahlenvariablen, Prozeduren) benutzt. Sie bestehen aus einer Folge von Großbuchstaben und/oder Ziffern; diese Folge muß mit einem Großbuchstaben beginnen.

Beispiele: ZAEHLER1, DISPO

Einige Bezeichner haben an festgelegten Stellen im PEARL-Programm eine spezifische Bedeutung; diese Bezeichner werden Schlüsselwörter genannt. Z.B. sind die Bezeichner BIT oder GOTO solche Schlüsselwörter. Der Anhang enthält eine Liste aller Schlüsselwörter.

2.2.2 Zahlenkonstanten

Zahlenkonstanten definieren ganze Zahlen oder Gleitpunktzahlen.
Ganze Zahlen können in Dezimaldarstellung oder Dualdarstellung geschrieben werden. Die Dezimaldarstellung einer ganzen Zahl besteht aus einer Folge von Ziffern. Die Dualdarstellung einer ganzen Zahl besteht aus einer Folge der Ziffern 0 und 1, die mit dem Zeichen B abgeschlossen wird.

Beispiele:

ganze Zahl	Dezimaldarstellung	Dualdarstellung
6	6	110B
123	123	1111011B

Gleitpunktzahlen können dargestellt werden als eine Folge von

(i) einem Punkt, einer ganzen Zahl und eventuell einem Exponenten zur Basis 10, wobei ein Exponent aus einer Folge des Zeichens E, eventuell einem Plus- oder Minuszeichen und einer ganzen Zahl besteht.

Beispiel: .123 (entspricht 0,123)
.123E2 (entspricht 12,3)
.123E-1 (entspricht 0,0123)

(ii) einer ganzen Zahl und der unter (i) angegebenen Folge.

Beispiel: 3.123E2 (entspricht 312,3)

(iii) einer ganzen Zahl, einem Punkt und eventuell einem Exponenten.

Beispiel: 3. (entspricht 3,0)

(iv) einer ganzen Zahl und einem Exponenten

Beispiel: 3E-2 (entspricht 0,03)

Zudem kann für eine Zahlenkonstante die Genauigkeit ihrer Darstellung definiert werden, indem anschließend an die Zahlenkonstante die Anzahl der Bitstellen in Klammern vermerkt wird, in denen sie rechnerintern ohne Vorzeichen dargestellt werden soll.

Beispiel: 123.(15) Die Gleitpunktzahl 123,0 wird in 15 Bitstellen dargestellt.

Ist keine Genauigkeit angegeben, so muß diese in einer Längenvereinbarung (siehe Teil III, 15) vereinbart worden sein.

2.2.3 Kettenkonstanten

Es können Zeichenkettenkonstanten oder Bitkettenkonstanten eingeführt und benutzt werden. Eine Zeichenkettenkonstante besteht aus einem Apostroph, einer Folge von beliebigen Zeichen (außer Apostroph) und einem Apostroph.

Beispiel: 'STOERUNG NR:

Soll jedoch die Zeichenkette einen Apostroph enthalten, so muß dieser durch zwei aufeinanderfolgende Apostrophe dargestellt werden.

Beispiel: 'STOER' 'NR: '

Eine Bitkettenkonstante kann binär (B1), in Form von Tetraden (B2), Oktaden (B3) oder in hexadezimaler Form (B4) angegeben werden.

Die Form Bi (i = 1, ... , 4) besteht aus einem Apostroph, einer Folge

- der Ziffern 0 und 1 im Fall B1
- der Ziffern 0 bis 3 im Fall B2
- der Ziffern 0 bis 7 im Fall B3.
- der Ziffern 0 bis 9 und Buchstaben A bis F im Fall B4

sowie einem Apostroph und der entsprechenden Angabe B1 oder B2 oder B3 oder B4.

Beispiel: '110010100111'B1 entspricht
'302213'B2 entspricht
'6247'B3 entspricht
'CA7'B4

Anstatt B1 kann kürzer B geschrieben werden. Die folgenden Tabellen zeigen die Zuordnung zwischen der Binärform und den anderen Formen:

B2	B1
0	00
1	01
2	10
3	11

B3	B1
0	000
1	001
2	010
3	011
4	100
5	101
6	110
7	111

B4	B1
0	0000
1	0001
2	0010
3	0011
4	0100
5	0101
6	0110
7	0111
8	1000
9	1001
A	1010
B	1011
C	1100
D	1101
E	1110
F	1111

2.2.4 Zeitkonstanten

Es können Uhrzeitkonstanten oder Dauerkonstanten eingeführt und benutzt werden. Eine Uhrzeitkonstante besteht aus einer positiven ganzen Zahl für die Stundenangabe, einer ganzen Zahl zwischen 0 und 59 für die Minutenangabe und einer Gleitpunktzahl zwischen 0 und 59.999... für die Sekundenangabe - jeweils durch Doppelpunkt getrennt. Die Stundenangabe wird modulo 24 interpretiert.

Beispiele:	11:30:00	bedeutet 11.30 Uhr
	15:45:3.5	bedeutet 15.45 Uhr und 3,5 Sekunden
	25:00:00	bedeutet 1 Uhr

Eine Dauerkonstante setzt sich aus einer Stundenangabe, Minutenangabe und Sekundenangabe zusammen, wobei einzelne dieser Angaben fehlen können. Eine Stundenangabe besteht aus einer ganzen Zahl und der Zeichenfolge HRS, eine Minutenangabe aus einer ganzen Zahl und der Zeichenfolge MIN, eine Sekundenangabe aus einer Gleitpunktzahl und der Zeichenfolge SEC.

Beispiele: 5 MIN 30 SEC bedeutet 5 Minuten und 30 Sekunden
.05 SEC bedeutet 50 Millisekunden

Die ganzen Zahlen und Gleitpunktzahlen in Zeitkonstanten dürfen keine Genauigkeitsangaben enthalten.

2.2.5 Kommentare

Kommentare dienen zur Erläuterung des Programms und sind ohne Bedeutung für den Programmablauf. Sie müssen zwischen den zusammengesetzten Symbolen /* und */ stehen und können, mit Ausnahme des zusammengesetzten Symbols */ für Kommentarende, beliebige Zeichen enthalten.

Beispiel: /*** DISPOSITION DER GERAETE ***/

2.3 Aufbau von Sprachformen

In den nachfolgenden Kapiteln werden die in PEARL zulässigen Sprachformen beschrieben. Damit diese Beschreibungen genau und möglichst kompakt sind, werden über die verbale Formulierung hinaus einige formale Möglichkeiten benötigt:

Jede Sprachform hat einen Namen, unter dem sie mit Hilfe des (Meta-) Symbols ::= definiert wird:

Name-der-Sprachform ::=
Definition-der-Sprachform

Beispiel:

Großbuchstabe ::=
A oder B oder ... oder Z

Ziffer ::=
0 oder 1 oder ... oder 9

Wie dieses Beispiel zeigt, kann die Definition einer Sprachform Elemente enthalten, die beim Aufbau der Sprachform alternativ zueinander angegeben werden. Zur Abkürzung werden die alternativ möglichen Angaben künftig durch das Symbol | getrennt oder untereinander in geschweiften Klammern aufgeführt:

Beispiele:

Großbuchstabe ::=
A | B | ... | Z

Ziffer ::=

$$\left\{\begin{matrix} 0 \\ 1 \\ \vdots \\ 9 \end{matrix}\right\}$$

Soll ein Element beliebig oft, aber mindestens einmal, auftreten dürfen, wird es oben mit drei Punkten versehen.

Beispiel:

einfache-ganze-Zahl ::=
Ziffer $^{\cdots}$

Um auszudrücken, daß ein Element beim Aufbau der Sprachform fehlen darf, wird es in eckigen Klammern angegeben.

Beispiele:

ganze-Zahl ::=
ganze-Zahl-ohne-Genauigkeit [(Genauigkeit)]

einfache-Gleitpunktzahl ::=

$$\left\{\begin{array}{l} \left\{\begin{array}{l}[\text{Ziffer}^{\cdots}]\,.\ \text{Ziffer}^{\cdots}\\ \text{Ziffer}^{\cdots}\ .\end{array}\right\}\quad [\text{Exponent}] \\ \text{Ziffer}^{\cdots}\quad \text{Exponent}\end{array}\right\}$$

Bezeichner ::=

$$\text{Großbuchstabe}\ \left[\left\{\begin{array}{l}\text{Großbuchstabe}\\ \text{Ziffer}\end{array}\right\}^{\cdots}\right]$$

Hier wurden bereits zwei weitere Regeln benutzt: Die Definition einer Sprachform darf wieder Namen von Sprachformen enthalten; außerdem werden die geschweiften und eckigen Klammern auch dazu benutzt, Elemente zu neuen Elementen zusammenzufassen. So ist das letzte Beispiel dem folgenden äquivalent:

Beispiel:

Bezeichner ::=

$$\text{Großbuchstabe}\ [\,\text{Großbuchstabe}\ |\ \text{Ziffer}\,]^{\cdots}$$

Zur Beschreibung von Listen, deren Elemente durch ein bestimmtes Symbol getrennt sind (z.B. "MOTOR1, AUS, RUECKMELD"), werden bei der Definition der entsprechenden Sprachform ein Listenelement und das Trennsymbol angegeben, wobei das Trennsymbol oben mit zwei Punkten versehen wird.

Beispiel:

Bezeichnerliste ::=

$$\text{Bezeichner},^{\cdot\cdot}$$

Zum besseren Verständnis bzw. genaueren Beschreibung der Definition einer Sprachform werden häufig Elemente mit einem erläuternden oder einschränkenden Kommentar versehen, der von dem Element durch das Symbol § getrennt wird.

Beispiel:

Geräteliste ::=

$$\text{Bezeichner§Gerät}\ ,^{\cdot\cdot}$$

TEIL II:

GRUNDLEGENDE MÖGLICHKEITEN

1. PROGRAMMSTRUKTUR

Ein PEARL-Programm setzt sich aus einem oder mehreren Teilen, sogenannten Moduln, zusammen, die unabhängig übersetzt werden können. Jeder Modul besteht aus einem Systemteil und/oder einem Problemteil.

Im Systemteil werden die Verbindungen des projektierten Rechners mit den Elementen des technischen Prozesses (Meßwertgeber, Stellglieder usw.) und der Standardperipherie (Drucker, Leser, Stanzer, Platten, Bänder usw.) beschrieben. Dabei kann der Programmierer den Eingängen zum Interruptwerk und den in E/A-Anweisungen (im Problemteil) angesprochenen Peripherieelementen frei wählbare Namen zuordnen, um sich im Problemteil auf diese (rechnerunabhängigen) Namen beziehen zu können.

Im Problemteil wird der Algorithmus zur Lösung der gestellten Automationsaufgabe beschrieben. Hierzu vereinbart der Programmierer

- Problemdaten
  (ganze Zahlen, Gleitpunktzahlen, Bitketten, Zeichenketten, Dauern, Uhrzeiten)

- Steuerdaten für den Programmablauf
  (Sprungmarken, Prozeduren für mehrfach auftretende Teilaufgaben)

- Steuerdaten für die Kontrolle paralleler Aktivitäten
  (Tasks für die zeitlich parallele Abarbeitung von Aufgaben, Interrupts, Signale, Synchronisiergrößen) und

- Steuerdaten für die Ein/Ausgabe
  (Datenstationen, Formate).

Die erforderlichen Anweisungen werden in den Prozeduren und Tasks angegeben - zusammen mit weiteren "lokalen" Vereinbarungen, die nur dort benötigt werden. Dabei gilt allgemein, daß Daten erst dann (in Anweisungen) benutzt werden dürfen, wenn sie vereinbart worden sind. Auf Modulebene, d.h. nicht in Prozeduren und Tasks vereinbarte Daten können in allen Prozeduren und Tasks des entsprechenden Moduls benutzt werden.

Die allgemeine Form eines Moduls lautet:

```
Modul ::=
    MODULE [ (Bezeichner§des-Moduls) ] ;
            { Systemteil [ Problemteil ] }
            { Problemteil                }
    MODEND ;

Systemteil ::=
    SYSTEM ; [ Verbindung··· ]

Problemteil ::=
    PROBLEM ;  [ Vereinbarung ··· ]
```

Beispiel:

```
    MODULE ;

    SYSTEM ;
        Beschreibung der Verbindungen und Einführung von
        Namen für die Peripherieelemente

    PROBLEM ;
        Vereinbarung von Problemdaten      }
        Vereinbarung von Interrupts        } auf Modulebene
        Vereinbarung von Datenstationen    }

        Vereinbarung einer Task
            Vereinbarung lokaler Problemdaten
            Anweisungen

        Vereinbarung einer Prozedur
            Vereinbarung lokaler Problemdaten
            Vereinbarung lokaler Prozeduren
            Anweisungen

        ...

    MODEND ;
```

Innerhalb von Prozeduren und Tasks dürfen keine Steuerdaten für die Kontrolle paralleler Aktivitäten und die Ein/Ausgabe vereinbart werden.

Die zuerst (von außen) gestartete Task veranlaßt den Start der anderen Tasks und Prozeduren bzw. die Einplanung des Starts anderer Tasks, z.B. für den Fall des Eintritts eines Interrupts.

Querbezüge zwischen Moduln können mittels globalen Größen hergestellt werden (vgl. Teil III, 6.).

2. PROBLEMDATEN

Bei seiner Ausführung benutzt und verändert ein PEARL-Programm u.a. ganze Zahlen, Gleitpunktzahlen, Bitketten, Zeichenketten, Uhrzeiten und Zeitdauern. Diese Problemdaten treten in Form von Konstanten oder als Werte von Variablen auf. Konstanten identifizieren sich durch ihre Schreibweise (vgl. Teil I, 2.2) und behalten ihren Wert während des gesamten Programmablaufs. Variablen bezeichnen Daten (ihre Werte), die sich während des Programmablaufs ändern können.

Der Wertebereich einer Variablen ist im allgemeinen auf eine Art von Daten, z.B. Bitketten, beschränkt, die den Typ der Variablen bestimmt. (Bitketten-Variablen haben nur Bitketten als Werte.) Dieser Typ muß bei der Deklaration einer Variablen zusammen mit ihrem Bezeichner festgelegt werden.

Beispiel:

Deklaration einer Variablen X vom Typ Gleitpunktzahl.

```
DECLARE  X  FLOAT ;
```

Variablen werden auf Modulebene, in Prozeduren oder in Tasks deklariert. Auf Modulebene deklarierte Variablen sind im ganzen Modul bekannt und können von jeder Task und Prozedur des Moduls unter Angabe des Bezeichners z.B. in Ausdrücken benutzt oder in Zuweisungen geändert werden. Eine in einer Task bzw. Prozedur deklarierte Variable ist nur in der betreffenden Task bzw. Prozedur bekannt und kann nur dort benutzt oder geändert werden.

Auf Modulebene oder in einer Prozedur oder in einer Task darf eine Variable nur einmal deklariert werden. Ist ein Bezeichner X sowohl auf Modulebene als auch in einer Prozedur oder Task als Variable deklariert, so sind damit zwei verschiedene Variablen eingeführt: In der betreffenden Prozedur oder Task bezieht man sich unter dem Bezeichner X auf die dort (lokal) deklarierte Variable, außerhalb der Prozedur oder Task auf die auf Modulebene deklarierte Variable (siehe auch Teil III/5.).

Beispiel:

```
PROBLEM ;
    DECLARE  X  FLOAT ;     1. Deklaration auf Modulebene
    DECLARE  X  FIXED ;     2. Deklaration auf Modulebene (falsch)

P: PROCEDURE ;
    DECLARE  X  FIXED ;     Deklaration in der Prozedur P (zulässig)
    ...
    X := 3;              Zuweisung an die lokale Variable X
    ...
    END ;
T: TASK ;
    ...
    X := 5 ;             Zuweisung an die auf Modulebene dekla-
                         rierte Variable X
    ...
    END ;
...
```

Eine Variable bezeichnet ein Datenelement, z.B. eine ganze Zahl, eine Bitkette usw.; im folgenden werden solche skalaren Variablen behandelt. Die Möglichkeiten, skalare Variablen zu Bereichen bzw. Strukturen zusammenzufassen, sind in 2.2 bzw. Teil III, Abschnitt 1., beschrieben.

2.1 Skalare Problemdaten

Bei der Deklaration einer Variablen muß ihr Typ in einem Typ-Attribut angegeben werden; sollen verschiedene Variablen mit gleichem Typ-Attribut vereinbart werden, so kann dies in Form einer Liste in einer Deklaration erfolgen; z.B. werden durch

```
DECLARE (X, Y, Z) FLOAT ;
```

die drei Variablen X, Y und Z mit dem Typ Attribut FLOAT vereinbart. Der einfacheren Schreibweise wegen dürfen verschiedene Vereinbarungen in einer Deklaration formuliert werden, indem sie durch Kommata getrennt werden:

```
DECLARE  X  FLOAT,   I FIXED ;
```

Zusammengefaßt können Variablen für skalare Problemdaten folgendermaßen vereinbart werden:

Skalare-Problemdaten-Deklaration ::=

$\left\{\begin{array}{l}\text{DECLARE}\\ \text{DCL}\end{array}\right\}$ { Bezeichner-Angabe Typ-Attribut§Problemdaten } , ·· ;

Bezeichner-Angabe ::=

Bezeichner | (Bezeichner , ··)

Typ-Attribut§Problemdaten ::=

Typ-ganze-Zahl | Typ-Gleitpunktzahl |
Typ-Bitkette | Typ-Zeichenkette |
Typ-Uhrzeit | Typ-Dauer

2.1.1 Variablen für ganze Zahlen

Variablen für ganze Zahlen (vgl. Teil I, 2.2.2) werden mit dem Typ-Attribut FIXED deklariert.

Typ-ganze-Zahl ::=

FIXED [(Genauigkeit)]

Genauigkeit ::=

ganze-Zahl-ohne-Genauigkeit§größer-Null

Die Genauigkeit gibt die Anzahl der Bitstellen an, in denen der jeweilige Wert der Variablen (ohne Vorzeichen) dargestellt wird. Fehlt die Genauigkeitsangabe, so wird die in einer Längenvereinbarung (siehe Teil III, 15.) definierte Genauigkeit eingesetzt.

Beispiel:

```
DCL TEMP FIXED (12),
        (I,J,K) FIXED ;
...
I := 2 ;
```

2.1.2 Variablen für Gleitpunktzahlen

Variablen vom Typ Gleitpunktzahl (mit ganzen Zahlen oder Gleitpunktzahlen (vgl. Teil I, 2.2.2) als Werten) werden mit dem Typ-Attribut FLOAT deklariert.

Typ-Gleitpunktzahl ::=
  FLOAT [(Genauigkeit)]

Es gelten die Aussagen von 2.1.1.

Beispiele:

```
DCL (X, Y, Z) FLOAT, KOEFF FLOAT (31);
...
X := 3.5;  Y := 1 ;
```

2.1.3 Bitketten-Variablen

Variablen für Bitketten (vgl. Teil I, 2.2.3) sind mit dem Typ-Attribut BIT zu vereinbaren.

Typ-Bitkette ::=
  BIT [(Länge)]

Länge ::=
  ganze-Zahl-ohne-Genauigkeit§größer-Null

Länge gibt die Anzahl Elemente der Bitkette an. Fehlt die Längenangabe, so muß sie entweder in einer Längenvereinbarung (siehe Teil III, 15.) definiert worden sein oder es wird als Länge 1 eingesetzt.

Beispiele:

```
DCL XKOORD BIT (2), YKOORD BIT (8);
...
XKOORD := '01'B ;  YKOORD := 'A9'B4 ;
```

2.1.4 Zeichenketten-Variablen

Variablen für Zeichenketten (vgl. Teil I, 2.2.3) deklariert man mit dem Typ-Attribut CHARACTER.

```
Typ-Zeichenkette ::=
   { CHARACTER | CHAR } [(Länge)]
```

Länge gibt die Anzahl Zeichen an. Fehlt die Längenangabe, so muß sie entweder in einer Längenvereinbarung (siehe Teil III, 15.) definiert worden sein oder es wird als Länge 1 eingesetzt.

Beispiele:

```
DCL ARTIKELBEZ CHAR (6);
...
ARTIKELBEZ := 'BCD/27' ;
```

2.1.5 Uhrzeit-Variablen

Variablen für Uhrzeiten (vgl. Teil I, 2.2.4) werden mit dem Typ-Attribut CLOCK vereinbart.

```
Typ-Uhrzeit ::=
   CLOCK
```

Beispiel:

```
DCL ZEIT CLOCK ;
...
ZEIT := 12:30:00 ;
```

2.1.6 Zeitdauer-Variablen

Variablen für Zeitdauern (vgl. Teil I, 2.2.4) müssen mit dem Typ-Attribut DURATION vereinbart werden.

```
Typ-Dauer ::=
   DURATION | DUR
```

Beispiel:

```
DCL VERZOEGERUNG DUR ;
...
VERZOEGERUNG := 0.1 SEC ;
```

2.2 Problemdaten-Bereiche

Nach Möglichkeit werden beim Programmieren gleichartige Größen unter einem Bezeichner zusammengefaßt und die einzelnen Größen indiziert angesprochen.

Beispiel:

Eine unterlagerte Steuerung steuert drei Geräte G(1), G(2) und G(3). Bei Ausgabe der Bitkette '0001'B an die unterlagerte Steuerung soll G(1) eingeschaltet werden, bei Ausgabe von '0010'B das Gerät G(2), bei Ausgabe von '0100'B das Gerät G(3). Hierzu bietet sich an, die drei Einschaltsignale unter einem Bezeichner, z.B. GEIN, zusammenzufassen und indiziert zu benutzen:

```
DCL GEIN (1 : 3) BIT(4) , I FIXED ;
GEIN (1) := '0001'B;
GEIN (2) := '0010'B;
GEIN (3) := '0100'B;
...
```

Übernahme des Wertes von I (Index des einzuschaltenden Geräts) von einem anderen Programmteil

Ausgabe von GEIN (I) an die unterlagerte Steuerung

Allgemein können skalare Problemdaten gleichen Typs zu n-dimensionalen Bereichen zusammengefaßt werden (n = 1,2,3,...).
Dem Bereich wird bei seiner Deklaration ein Bezeichner zugeordnet, die einzelnen Bereichselemente (skalare Variablen) werden unter diesem Bezeichner und der Angabe ihrer Position innerhalb des Bereichs (dem Index) angesprochen.

So wird z.B. mittels

```
DCL TAB (1:2, 0:3) FIXED ;
```

ein 2-dimensionaler Bereich vereinbart, wobei die erste Dimension die untere Grenze 1 und die obere Grenze 2, d.h. die Länge 2 besitzt, während die zweite Dimension die untere Grenze 0 und die obere Grenze 3, d.h. die Länge 4 hat. Dies bedeutet, daß TAB aus den 8 skalaren FIXED-Variablen

```
TAB(1,0)  TAB(1,1)  TAB(1,2)  TAB(1,3)
TAB(2,0)  TAB(2,1)  TAB(2,2)  TAB(2,3)
```

besteht.

Die allgemeine Form der Deklaration eines Bereiches von Problemdaten lautet:

Problemdaten-Bereichs-Deklaration ::=

$\left\{ \begin{array}{l} \text{DECLARE} \\ \text{DCL} \end{array} \right\}$ { Bezeichner-Angabe

Dimensionsattribut Typ-Attribut§Problemdaten },**;

Dimensionsattribut ::=

({ [[-] ganze-Zahl-ohne-Genauigkeit§für-untere-Grenze :]

[-] ganze-Zahl-ohne-Genauigkeit§für-obere-Grenze },**)

Demnach sind auch negative ganze Zahlen als Dimensionsgrenze zugelassen. Die obere Grenze einer Dimension muß jedoch immer größer oder gleich ihrer unteren Grenze sein.

Ist die untere Grenze nicht angegeben, so wird hierfür der Wert 1 angenommen.

Beispiele:

```
DCL GEIN (3) BIT (4) ,
    TAB (2, 0:3) FIXED ,
    MELDUNG (20) CHAR (12) ;
```

Der eindimensionale Bereich MELDUNG enthält z.B. 20 Fehlertexte, damit im Fehlerfall i ein Programm die MELDUNG (i) an eine Konsole ausgeben kann (i = 1, ... , 20).

Bereiche können auch gemischt mit skalaren Variablen in einer Deklaration vereinbart werden, z.B.:

```
DCL MELDUNG (20) CHAR (12),
    (I, J, K) FIXED ,
    (GEIN, GAUS) (3) BIT (4) ;
```

In Punkt 2 des Anhangs ist tabellarisch beschrieben, welche Größen zu Bereichen zusammengefaßt werden dürfen.

3. PROZEDUREN

Bei der Lösung einer Automationsaufgabe formuliert man im Sinne einer strukturierten Programmierung für einen logisch unabhängigen Algorithmus einen selbständigen Programmteil und gibt ihm einen Namen, zumal wenn die Durchführung des Algorithmus an mehreren Stellen des gesamten Programms benötigt wird, wobei sich eventuell nur die Argumente des Algorithmus, seine Parameter, ändern. Die Ausführung eines solchen Programmteils wird durch den Aufruf seines Namens - gegebenenfalls versehen mit aktuellen Parameterwerten - angestoßen.

Soll dieser Aufruf dieselbe Wirkung haben, als ob an seiner Stelle der aufgerufene Programmteil ausgeführt würde, so wird dieser Programmteil in PEARL als Prozedur vereinbart und aufgerufen. Anderenfalls - wenn nämlich die dem Aufruf folgenden Anweisungen zeitlich parallel zu dem aufgerufenen Programmteil ausgeführt werden sollen - vereinbart und startet man den Programmteil als Task. Tasks werden im Abschnitt 4, Parallele Aktivitäten, behandelt.

Prozeduren, die an ihre Aufrufstelle ein Ergebnis zurückgeben, heißen Funktionsprozeduren, alle anderen werden Unterprogramm-Prozeduren genannt.

Beispiel für eine Unterprogramm-Prozedur:

Die Prozedur AUSGABE möge eine Positionsangabe POSITION vom Typ FIXED in eine Bitkette wandeln und an eine zu positionierende Maschine ausgeben, die durch die Nummer MASCHNR vom Typ FIXED gekennzeichnet sei. AUSGABE werde u.a. von der Task STEUERUNG aufgerufen.

```
PROBLEM ;
   AUSGABE : PROCEDURE ((POSITION, MASCHNR) FIXED) ;
      DCL BINPOS BIT (8) ;
          Übertragung von POSITION in BINPOS
          Ausgabe von BINPOS an die Maschine MASCHNR
      END ;  /* DEKLARATION VON AUSGABE */

   STEUERUNG : TASK ;
      DCL (POS /* AKTUELLE SOLL-POSITION */ ,
           NR  /* NR DER MASCHINE */ ) FIXED ;
      ...
           Zuweisungen an POS und NR
      CALL AUSGABE (POS, NR) ;
      ...
      END ;  /* DEKLARATION VON STEUERUNG */
   ...
```

POSITION und MASCHNR sind die formalen Parameter von AUSGABE, POS und NR sind aktuelle Parameter. BINPOS ist eine lokale Variable von AUSGABE, die nur innerhalb von AUSGABE bekannt ist.

Beispiel für eine Funktionsprozedur:

Aufgrund eines Belegungsplans BELPLAN soll die Prozedur NEXTMACHINE die Nummer der Maschine bestimmen, die unter allen verfügbaren Maschinen als nächste zu belegen ist. Dabei soll BELPLAN nicht als Parameter übergeben werden; die zurückzugebende Nummer sei vom Typ FIXED. NEXTMACHINE soll innerhalb der Task VERSORGUNG deklariert und aufgerufen werden.

```
PROBLEM ;
   DCL BELPLAN ...;

   VERSORGUNG:  TASK;
      DCL MASCHNR FIXED;
      ...
      NEXTMACHINE: PROCEDURE RETURNS (FIXED) ;
         DCL NR FIXED;    /*  NR. DER NAECHSTEN MASCH.  */
            Feststellen von NR mit Hilfe von BELPLAN
         RETURN (NR) ;
         END;    /*  DEKLARATION VON NEXTMACHINE  */
      ...

      MASCHNR := NEXTMACHINE;
      ...
      END;    /* DEKLARATION VON VERSORGUNG */
   ...
```

Da die Variable BELPLAN auf Modulebene vereinbart ist, kann sie von allen Prozeduren und Tasks des Moduls benutzt und ggf. verändert werden.

3.1 Deklaration von Prozeduren

Die Anweisungsfolge, die beim Aufruf einer Prozedur anstelle des Aufrufs ausgeführt werden soll, wird in einer Prozedur-Deklaration unter Angabe eines oder mehrerer Prozedur-Bezeichner festgelegt. Die Anweisungen der Prozedur können Problem- und Steuerdaten benutzen,

- die auf Modulebene oder in einem übergeordneten Programmbereich (siehe Teil III, 5.) vereinbart sind,
- die als formale Parameter spezifiziert sind, d.h. als Platzhalter für die Ausdrücke oder Variablen, die der Prozedur beim Aufruf als aktuelle Parameter übergeben werden oder
- die in der Prozedur lokal vereinbart sind.

Die lokalen Vereinbarungen und die Anweisungen der Prozedur bilden den Prozedurkörper.

```
Prozedur-Deklaration ::=
    { Bezeichner: } ...  { PROCEDURE }  [ Liste-form-Parameter ]
                         { PROC      }
    [ Resultat-Attribut ]
    [ Resident-Attribut ] [ Reentrant-Attribut ]
    [ Global-Attribut ] ;
    Prozedurkörper
    END ;

Prozedurkörper ::=
    [ Vereinbarung ... ] [ Anweisung ... ]

Liste-form-Parameter ::=
    ({ Bezeichner-Angabe [ virt-Dimensionsliste ]
       Parametertyp [ IDENTICAL | IDENT ] },...)

virt-Dimensionsliste ::=
    ([, ...])

Parametertyp ::=
    einfacher-Typ | kompl-Parametertyp
```

einfacher-Typ ::=
Typ-ganze-Zahl | Typ-Gleitpunktzahl | Typ-Bitkette |
Typ-Zeichenkette | Typ-Uhrzeit | Typ-Dauer

Resultat-Attribut ::=
RETURNS (Resultat-Typ)

Resultat-Typ ::=
einfacher-Typ | LABEL | Typ-Referenz

Resident-, Reentrant-, Global-Attribut und Typ-Referenz werden in den Abschnitten 9, 10, 6 und 4 von Teil III behandelt. LABEL ist in 6.1 beschrieben und kompl-Parameter-Typ wird durch eine Liste in Punkt 2 des Anhangs erläutert.

Unterprogramm-Prozeduren werden ohne, Funktionsprozeduren mit Resultat-Attribut vereinbart. Der Resultat-Typ bestimmt den Typ des berechneten Ergebnisses, das an die Aufrufstelle zurückgegeben wird. Diese Rückgabe erfolgt mittels der Return-Anweisung in der Form

RETURN (Ausdruck) ;

Der Wert des Ausdrucks muß also den durch das Resultat-Attribut spezifizierten Typ besitzen.

Die Abarbeitung des Prozedurkörpers einer Funktionsprozedur wird durch Ausführung einer Return-Anweisung beendet. Anders dürfen Funktionsprozeduren nicht verlassen werden.

Die Abarbeitung einer Unterprogramm-Prozedur wird beendet durch

- die Ausführung der Return-Anweisung in der Form

  RETURN ;

- oder die Ausführung der letzten Anweisung des Prozedurkörpers.

Der Prozedurkörper kann Vereinbarungen enthalten, z.B. die Vereinbarungen lokaler Problemdaten, die dann nur innerhalb des Prozedurkörpers bekannt sind. Es können aber auch weitere Prozeduren, sogenannte eingeschachtelte Prozeduren, vereinbart werden; die dabei auftretenden Aspekte der Eindeutigkeit von Namen, die auch bei der Vereinbarung von Prozeduren in Taskkörpern auftreten, sind im Teil III, Abschnitt 5, im Zusammenhang mit Blöcken beschrieben.

Durch den Aufruf werden den spezifizierten formalen Parametern der Prozedur als aktuelle Parameter Variable oder Ausdrücke zugeordnet. Auf welche Art (von zwei Möglichkeiten) diese Zuordnung erfolgt, wird dadurch bestimmt, ob das Attribut IDENTICAL angegeben ist oder nicht. Beide Arten werden in 3.2, Aufruf von Prozeduren, erklärt.

Die Anzahl n der Kommata in der virtuellen Dimensionsliste gibt an, daß der Parameter ein (n+1)-dimensionaler Bereich ist. Soll z.B. der eindimensionale Bereich "A(10) FIXED" an eine Prozedur P mit dem entsprechenden formalen Parameter BER übergeben werden, so ist BER so zu spezifizieren: "BER ( ) FIXED".

Es können auch Prozeduren als formale Parameter spezifiziert werden:

Bezeichner§Prozedur ENTRY [({[virt-Dimensionsliste]
Parametertyp [IDENTICAL | IDENT]} ,· ·)] {IDENTICAL | IDENT}

Dabei wird das Schlüsselwort ENTRY statt PROC[EDURE] benutzt; außerdem entfallen die Bezeichner-Angabe in der Parameterliste und der Körper der bezeichneten Prozedur.

3.2 Aufruf von Prozeduren

Unterprogramm-Prozeduren werden mit Hilfe des Schlüsselwortes CALL aufgerufen:

Call-Anweisung ::=
    CALL Bezeichner§Unterprogramm-Prozedur
    [Liste-akt-Parameter];

Liste-akt-Parameter ::=
    (Ausdruck, ··)

Beispiel:

```
...
Zuweisung an POS und NR
CALL AUSGABE (POS, NR) ;
```

Die Call-Anweisung bewirkt, daß den formalen Parametern der bezeichneten Prozedur die angegebenen aktuellen Parameter in der Reihenfolge der Niederschrift zugeordnet werden und dann der Prozedurkörper ausgeführt wird. Anschließend wird die auf die Call-Anweisung folgende Anweisung ausgeführt.

Der Aufruf einer Funktionsprozedur erfolgt nicht als selbständige Anweisung, sondern innerhalb von Ausdrücken unter Angabe des Bezeichners und der aktuellen Parameter:

Funktionsaufruf ::=
  Bezeichner§Funktionsprozedur [Liste-akt-Parameter]

Beispiel:

Die Funktionsprozedur ARI soll das arithmetische Mittel eines Bereichs von N FLOAT-Variablen berechnen. Dieses Mittel soll dann zusammen mit dem Text 'ARITHM. MITTEL' ausgedruckt werden.

```
ARI: PROC (BER() FLOAT, N FIXED) RETURNS (FLOAT) ;
   DCL SUM FLOAT;
   SUM := 0;
   FOR I FROM 1 BY 1 TO N
       REPEAT;
          SUM := SUM + BER (I) ;
       END;
END; /* ARI */

DCL MESSWERT(10) FLOAT;
. . .
   Erfassen der Meßwerte
PUT ARI(MESSWERT,10), 'ARITHM.MITTEL' TO DRUCKER BY LIST;
. . .
```

Bei der Auswertung eines Funktionsaufrufs werden den formalen Parametern der bezeichneten Funktionsprozedur die angegebenen aktuellen Parameter in der Reihenfolge der Niederschrift zugeordnet; sodann wird der Prozedurkörper ausgeführt. Anschließend wird in der Auswertung des Ausdrucks fortgefahren, in dem der Funktionsaufruf erfolgte - in obigem Beispiel also mit der Auswertung des Ausdrucks 'ARITHM.MITTEL' in der Put-Anweisung.

Sowohl bei der Call-Anweisung als auch beim Funktionsaufruf müssen die Typen der aktuellen Parameter den Typen der zugehörigen formalen Parameter entsprechen.

Die Zuordnung der aktuellen Parameter zu den formalen Parametern kann auf zwei Arten erfolgen: Wenn die Spezifikation eines formalen Parameters mit dem Zusatz IDENTICAL oder IDENT versehen ist, geschieht die Zuordnung mittels Identifizierung, anderenfalls durch Wertübertragung.

Im Fall der Wertübertragung (auch "call by value" genannt) wird beim Aufruf der Prozedur für jeden vereinbarten formalen Parameter eine neue Date vereinbart, die den Typ des formalen Parameters besitzt und lokal bzgl. des Prozedurkörpers ist, d.h. die formalen Parameter werden lokale Variablen vom spezifizierten Typ. Sodann werden die Werte der aktuellen Parameter den entsprechenden formalen Parametern zugewiesen. Eine Zuweisung an einen formalen Parameter durch eine Anweisung im Prozedurkörper bewirkt also keine Veränderung des aktuellen Parameters. Außerdem dürfen in diesem Fall beliebige Ausdrücke als aktuelle Parameter übergeben werden.

Bei der Zuordnung mittels Identifizierung (auch "call by reference" genannt) wird ein formaler Parameter mit dem entsprechenden aktuellen Parameter identifiziert, d.h. unter dem Namen des formalen Parameters bezieht man sich im Prozedurkörper auf die Daten des aktuellen Parameters. Eine Zuweisung an einen formalen Parameter im Prozedurkörper bedeutet hier also eine Zuweisung an die Variable, die als entsprechender aktueller Parameter übergeben wurde. Deshalb dürfen in diesem Fall keine beliebigen Ausdrücke, sondern nur Namen (von Problem- und Steuerdaten) als aktuelle Parameter übergeben werden.

Beispiel:

```
PROBLEM;
  P1: PROC (PI FIXED, PJ FIXED IDENT, PX FLOAT) ;
      ...
      PI  := 3 ;
      PJ  := 5 ;
      END;  /* P1 */

  P2: PROC ...;
      DCL  (I, J) FIXED, A(100) FLOAT;
      ...
      I := 2; J := 4; A(I) := 2.5;
      CALL P1 (I, J, 3*A(I)-1);
      ...
      END;    /*  P2  */
  ...
```

Nach dem Aufruf von P1 in P2 hat I (wieder) den Wert 2, aber J den Wert 5.

Wie bereits die Sprachform der Prozedur-Deklaration (siehe 3.1) zeigt, dürfen die Werte der aktuellen Parameter vom Typ

- ganze-Zahl oder
- Gleitpunktzahl oder
- Bitkette oder
- Zeichenkette oder
- Uhrzeit oder
- Zeitdauer

sein; es sind noch weitere, komplexere Typen zugelassen, die im Teil III beschrieben werden. Eine Liste aller zulässigen Parametertypen befindet sich im zweiten Abschnitt des Anhangs.

4. PARALLELE AKTIVITÄTEN

Typisch für ein Programm zur Steuerung eines technischen Prozesses sind

- asynchrone, d.h. zeitlich parallele, voneinander unabhängige Abläufe von Programmteilen, die durch spontane Ereignisse oder zu bestimmten (eingeplanten) Zeiten angestoßen werden, sowie
- die Synchronisation solcher Abläufe an bestimmten Programmstellen, z.B. um Daten untereinander austauschen zu können.

Zur Programmierung solcher Vorgänge werden in PEARL Tasks, Interrupts und Synchronisationsgrößen benutzt.

Eine Task ist der Ablauf eines Programmstückes unter der Kontrolle des Betriebssystems. Dieses Programmstück, der Taskkörper, besteht wie ein Prozedurkörper aus PEARL-Vereinbarungen und -Anweisungen. Vor ihrer Benutzung muß eine Task unter Angabe ihres Körpers vereinbart werden; dabei erhält sie einen oder mehrere Bezeichner zugeordnet, unter denen sie im folgenden beeinflußt, z.B. gestartet oder verzögert werden kann.

Da den Tasks eines Programms normalerweise nur ein Prozessor zur Verfügung steht, müssen sie um dessen Benutzung konkurrieren - aber auch um den Zugriff auf andere Betriebsmittel wie E/A-Geräte, die gemeinsam benutzt werden müssen. Das Betriebssystem sollte die Betriebsmittel jedoch unter Berücksichtigung der Dringlichkeit der Tasks vergeben. Deshalb kann einer Task eine positive ganze Zahl als Priorität zugeordnet werden, wobei niedrigere Zahlen eine höhere Priorität bedeuten. Die so festgelegten Dringlichkeiten der Tasks werden vom Betriebssystem zur Steuerung der Betriebsmittelvergabe benutzt: Besitzt z.B. eine Task den einzigen Prozessor und fordert dabei ein anderes, exklusiv belegtes Betriebsmittel an, so wird ihr vom Betriebssystem der Prozessor entzogen; von den auf die Benutzung des Prozessors wartenden Tasks erhält sodann diejenige höchster Priorität den Prozessor zugeteilt.

Eine solche prioritätsgesteuerte Neuvergabe eines Prozessors findet jedesmal statt, wenn eine seiner Betriebssystemfunktionen angesprochen wird, z.B. bei Eintritt eines Interrupts oder bei der Durchführung von Anweisungen zur Steuerung von Tasks, zur Synchronisierung, zur Ein- und Ausgabe usw.

4.1 Deklaration von Tasks

Die Deklaration von Tasks erfolgt analog zur Deklaration von Prozeduren. Im Gegensatz zu Prozeduren dürfen Tasks jedoch nur auf Modulebene, also nicht innerhalb von Prozedur- oder Taskkörpern vereinbart werden. Außerdem sind Parameter unzulässig. Da in einem Taskkörper jedoch alle auf Modulebene vereinbarten PEARL-Objekte benutzt und - soweit möglich - verändert werden dürfen, kann der Datenaustausch mit einer Task durch Problemdaten erfolgen, die auf Modulebene vereinbart sind oder durch E/A-Anweisungen. Insbesondere der Zugriff mehrerer Tasks auf dieselben Problemdaten sollte jedoch mit den in Punkt 4.4 beschriebenen Mitteln sorgfältig synchronisiert werden.

Beispiel:

Eine Task PROTOKOLL hinterlegt Protokolltexte in der Variablen TEXT, die durch die Task AUSGABE an ein Terminal ausgegeben werden sollen. (Die erforderlichen Synchronisierungsanweisungen werden in Punkt 4.4 erläutert.)

```
PROBLEM;
   DCL TEXT CHAR (60) ;
   PROTOKOLL: TASK ;
              Ermittlung des Protokolltextes
              Zuweisung an TEXT
              ...
              END;
   AUSGABE:   TASK ;
              Ausgabe des Wertes von TEXT
              ...
              END ;
   ...
```

Die allgemeine Form einer Task-Deklaration lautet:

Task-Deklaration ::=
{Bezeichner:}... TASK [Prioritätsangabe]
[Resident-Attribut] [Global-Attribut] ;
Taskkörper
END ;

Prioritätsangabe ::=
{PRIORITY | PRIO} pgz

pgz ::=
ganze-Zahl-ohne-Genauigkeit§größer-Null

Taskkörper ::=
[Vereinbarung...] [Anweisung...]

Das Resident- und Global-Attribut werden in Teil III, Abschnitt 9 und 6, erklärt.

4.2 Interrupts

Ein Interrupt (Unterbrechung) ist eine Meldung des gesteuerten Prozesses über einen (Unterbrechungs-) Eingang des Interruptwerks an das Betriebssystem, das nach Eintritt des Interrupts die vom Programmierer dafür vorgesehene Reaktion einzuleiten hat, z.B.: "Bei Eintritt des Interrupts FERTIG soll die Task NACHSCHUB gestartet werden".

Die zur Verfügung stehenden Unterbrechungseingänge eines Rechensystems sind im Implementationshandbuch unter Angabe ihrer (System-) Namen beschrieben. Die hiervon für ein PEARL-Programm benötigten Unterbrechungseingänge werden im Systemteil deklariert, wobei ihnen Benutzernamen zugeordnet werden können. Unter diesen Benutzernamen werden sie sodann als Interrupts im Problemteil spezifiziert, um sie in den Task-Steueranweisungen (siehe 4.3) und den Interrupt-Anweisungen (siehe Teil III,12.) benutzen zu können.

Beispiel:

```
MODULE ;
SYSTEM ;
   FERTIG : INT * 7 <- ;    /* INT * 7 IST DER SYSTEMNAME */
PROBLEM;
   SPECIFY FERTIG INTERRUPT ;
   ...
   INITIALISIERUNG: TASK ;
                         ...
                         WHEN FERTIG ACTIVATE NACHSCHUB ;
                         ...
                         END ;
   ...
   NACHSCHUB: TASK  PRIORITY 2 ;
                    Taskkörper
                    END;
   ...
```

Die allgemeine Form einer Interrupt-Spezifikation lautet:

Interrupt-Spezifikation ::=
{ SPECIFY | SPC } Bezeichner-Angabe [()] { INTERRUPT | IRPT }
[Resident-Attribut] [Global-Attribut] ;

Das Resident- und Global-Attribut werden in den Abschnitten 9 und 6 von Teil III erläutert.

Es können eindimensionale Bereiche von Interrupts vereinbart werden; die dafür nötige Form der Deklaration im Systemteil ist in 7.1 beschrieben.

4.3 Task-Steueranweisungen

4.3.1 Startbedingung

Eine Task kann gestartet, beendet, angehalten, fortgesetzt, verzögert und ausgeplant werden.

Die Anweisungen zur Steuerung des sequentiellen Programmablaufs (z.B. Sprünge, Schleifen, Prozeduraufrufe) werden nach ihrer Auswertung vollständig ausgeführt, d.h. sobald solch eine Anweisung überlaufen ist, hat sie keine weitere Wirkung mehr. Demgegenüber kann beim Überlaufen der Task-Anweisungen für das Starten, Verzögern, Fortsetzen eine mehrmalige Wirkung der Anweisung veranlaßt werden. Wann und wie oft eine Task-Anweisung ausgeführt werden soll, bestimmt die Startbedingung, unter die die Anweisung gestellt werden kann:

Task-Steueranweisung ::=
 [Startbedingung] Task-Anweisung

Erst wenn die Startbedingung erfüllt ist, wird die Task-Anweisung ausgeführt (sie wird beim Überlaufen der Startbedingung zur Ausführung "eingeplant"). Ist keine Startbedingung angegeben, bedeutet das die sofortige, einmalige Ausführung der Task-Anweisung.

Beispiel:

ACTIVATE STATISTIK;
 bedeutet, daß die Task STATISTIK sofort gestartet werden soll.

AT 20:0:0 ACTIVATE STATISTIK;
 bedeutet hingegen, daß die Task STATISTIK erst um 20 Uhr gestartet werden soll.

Die erste Ausführung einer Task-Anweisung mit Startbedingung kann eingeleitet werden zu einer bestimmten Uhrzeit, nach einer bestimmten Dauer, aufgrund eines Interrupts oder sofort.

Startbedingung ::=

$$\left\{\begin{array}{l} \text{AT Ausdruck§Uhrzeit [Frequenz]} \\ \text{AFTER Ausdruck§Dauer [Frequenz]} \\ \text{WHEN Name§Interrupt [AFTER Ausdruck§Dauer][Frequenz]} \\ \text{Frequenz} \end{array}\right\}$$

Frequenz ::=

$$\left\{\begin{array}{l} \text{EVERY} \\ \text{ALL} \end{array}\right\} \text{ Ausdruck§Dauer } \left[\left\{\begin{array}{l} \text{UNTIL Ausdruck§Uhrzeit} \\ \text{DURING Ausdruck§Dauer} \end{array}\right\}\right]$$

Durch AT Ausdruck§Uhrzeit wird festgelegt, zu welcher Uhrzeit die auf die Startbedingung folgende Task-Anweisung erstmalig ausgeführt werden soll, durch AFTER Ausdruck§Dauer, wie lange nach dem Überlaufen der Startbedingung dies geschehen soll und durch WHEN Name§Interrupt, daß dies beim Eintreffen des angegebenen Interrupts, evtl. verzögert um die in AFTER Ausdruck§Dauer genannte Dauer, erfolgen soll. Fehlen AT, AFTER und WHEN, so wird die Task-Anweisung sofort nach ihrem Überlaufen ausgeführt.

Soll die Task-Anweisung nach ihrer Ausführung in gleichen zeitlichen Abständen wiederholt werden, so ist die Zeit zwischen zwei Ausführungen durch ALL Ausdruck§Dauer oder EVERY Ausdruck§Dauer festzulegen. Dabei besteht zwischen ALL und EVERY kein Unterschied. Um die wiederholten Ausführungen zu beenden, kann mit UNTIL Ausdruck§Uhrzeit eine Uhrzeit oder mit DURING Ausdruck§Dauer eine Dauer festgelegt werden, nach der keine Wiederholungen mehr stattfinden sollen.

Beginnt die Startbedingung mit WHEN und ist der angegebene Interrupt eingetroffen, so wird die Ausführung der Task-Anweisung bei jedem Eintreffen des angegebenen Interrupts unter Berücksichtigung der zugehörigen Startbedingung wieder neu eingeplant. Die alte Einplanung wird dabei unwirksam, und insbesondere wird die Abarbeitung einer durch ALL oder EVERY bestimmten Frequenz beendet (und wieder von vorne begonnen, sobald die Startbedingung erfüllt ist). Soll die Einplanung für alle Elemente eines Interrupt-Bereiches gelten, so ist (nur) der Bezeichner des Bereiches anzugeben (siehe Teil III, 12.).

Die Startbedingung wird beim Überlaufen der Steueranweisung wirksam, welche die Startbedingung enthält. (Die Ausführung der zugehörigen Task-Anweisung ist damit eingeplant.) Dabei werden die in der Startbedingung und der Task-Anweisung auftretenden Ausdrücke ausgewertet.

Die Startbedingung wird unwirksam (d.h. die mit ihr verknüpfte Task-Anweisung wird nicht ausgeführt),

- wenn sie mit AFTER oder ALL oder EVERY beginnt und eine durch UNTIL oder DURING gesetzte Endebedingung erreicht ist oder wenn sie die Form AFTER Ausdruck§Dauer hat und die angegebene Dauer (vom Überlaufen der Startbedingung an gerechnet) verstrichen ist,

- durch Ausführung einer Anweisung zum Ausplanen oder Beenden einer Task (siehe 4.3.7, 4.3.3),

- beim Überlaufen einer neuen Task-Steueranweisung, die dieselbe Task-Anweisung enthält wie die alte. Die alte Startbedingung wird dabei durch die neue ersetzt oder, falls keine neue angegeben ist, zerstört.

Beispiel:

```
...
AT 12:0:0 ACTIVATE PROTOKOLL ;
EVERY 2 HRS ACTIVATE PROTOKOLL ;
...
```

Diese beiden Einplanungen können nicht zur selben Zeit gelten: Die Startbedingung EVERY 2 HRS ersetzt vielmehr die Startbedingung AT 12:0:0, sofern nicht vor Auswertung der zweiten Anweisung 12 Uhr eintrifft.

4.3.2 Starten einer Task

Das nachfolgende Bild veranschaulicht die Möglichkeiten, eine Task direkt oder unter verschiedenen Startbedingungen zu starten.

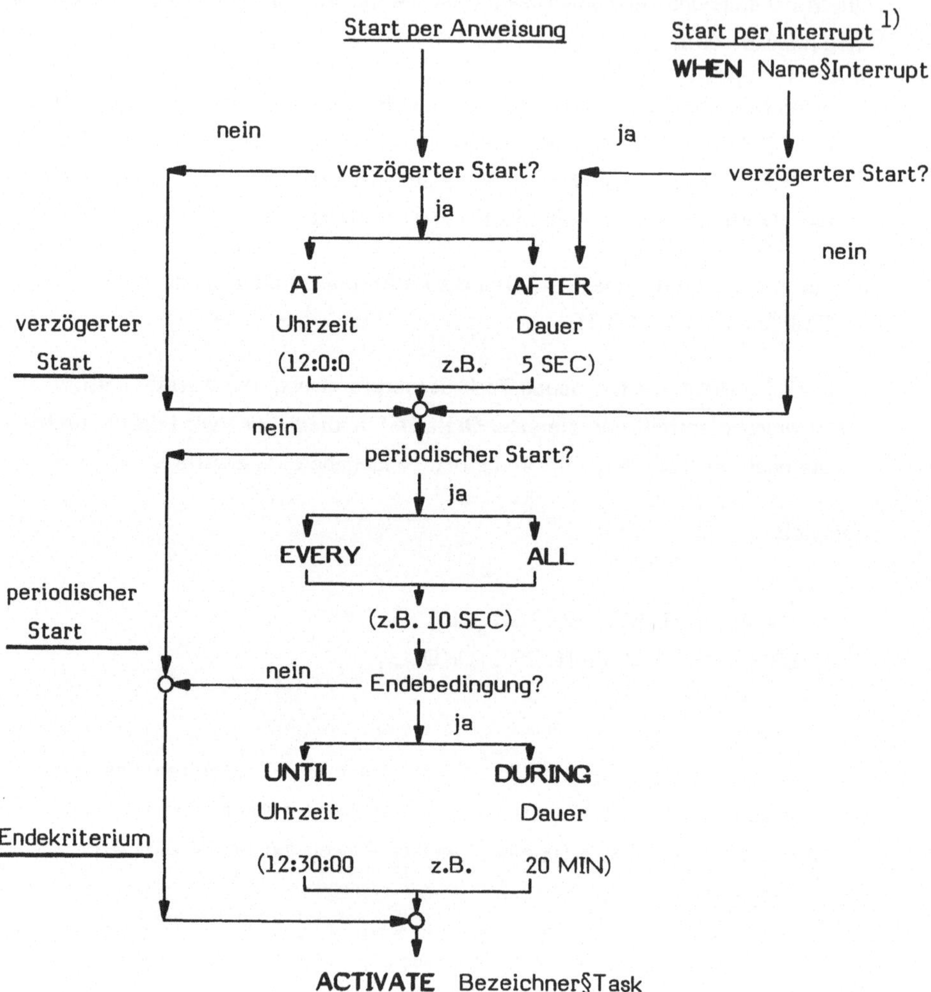

1)

Nach dem Eintreffen des Interrupts wird die Task-Anweisung unter der zugehörigen Startbedingung wieder neu eingeplant. Die alte Einplanung wird unwirksam.

Die allgemeine Form der Anweisung zum Start einer Task lautet:

Task-Starten ::=
[Startbedingung]
ACTIVATE **Bezeichner§Task [Prioritätsangabe];**

Mit Ausführung einer solchen Start-Anweisung bewirbt sich die bezeichnete Task sofort (Form ohne Startbedingung) oder zu dem durch die Startbedingung bestimmten Zeitpunkt um die Zuteilung eines Prozessors - konkurrierend mit allen anderen Tasks, die sich zu dem Zeiptunkt des Starts ebenfalls um diesen Prozessor bewerben. Beim sofortigen Start konkurriert die gestartete Task also insbesondere mit der startenden Task, wenn nur ein Prozessor zur Verfügung steht.

Möglicherweise ist die bezeichnete Task bei Ausführung der Start-Anweisung bereits gestartet und noch nicht beendet. Ist in diesem Fall keine Startbedingung angegeben, so erfolgt Fehlermeldung. Enthält die Start-Anweisung jedoch eine Startbedingung, so wird die bezeichnete Task weitergeführt und ihr erneuter Start mit Hilfe der Startbedingung eingeplant (gepuffert), wobei eine ggf. bestehende Einplanung ungültig wird.

Eine eventuell angegebene Priorität überschreibt die in der Vereinbarung der bezeichneten Task angegebene Priorität.

Eine Task wird beendet

- wenn sie die abschließende END-Anweisung ihres Körpers erreicht,
- durch Ausführung einer auf sie bezogenen Anweisung zum Beenden von Tasks (siehe 4.3.3).

Beispiel:

Die Task DRUCKMESSUNG soll alle 5 Sekunden den Druck in einem Behälter messen und an die Task KONTROLLE übergeben; steigt der Druck verdächtig schnell an, soll die Messung jede Sekunde mit erhöhter Priorität durchgeführt werden. KONTROLLE wird durch die Task INITIAL gestartet.

```
PROBLEM;
  INITIAL: TASK;
           ACTIVATE KONTROLLE;
               weitere Initialisierungen
           END;

  KONTROLLE: TASK PRIORITY 6;
           ALL 5 SEC ACTIVATE DRUCKMESSUNG;
               Übernahme der Meßwerte
               Falls der Druck steigt:
           ALL 1 SEC ACTIVATE DRUCKMESSUNG PRIO 2;
           ...
           END;

  DRUCKMESSUNG: TASK PRIO 5;
               Messung und Übergabe an KONTROLLE
           END;

  ...
```

4.3.3 Beenden einer Task

Das vorzeitige Beenden einer Task wird durch die folgende Anweisung erreicht:

Task-Beenden ::=
  TERMINATE [Bezeichner§Task] ;

Fehlt die Angabe Bezeichner§Task, so bezieht sich die Anweisung auf die Task, in deren Körper sie enthalten ist.

Der beendeten Task werden alle von ihr belegten Betriebsmittel (einschließlich Prozessor) entzogen; eventuell bestehende Einplanungen werden aufgehoben.

4.3.4 Anhalten einer Task

Durch Ausführung der Anweisung

Task-Anhalten ::=
SUSPEND [Bezeichner§Task];

wird die angegebene Task bzw. die ausführende Task, wenn Bezeichner§Task fehlt, angehalten. Der ihr zugeordnete Prozessor wird ihr entzogen - nicht aber alle anderen von ihr belegten Betriebsmittel.

Eine angehaltene Task kann nur durch die Ausführung einer Fortsetzungsanweisung fortgesetzt werden (siehe 4.3.5).

4.3.5 Fortsetzen einer Task

Eine angehaltene Task kann durch die folgende Anweisung sofort, zu einer bestimmten Uhrzeit, nach einer bestimmten Zeitdauer oder nach Eintritt eines Interrupts fortgesetzt werden:

Task-Fortsetzen ::=
{[einfache-Startbedingung]
CONTINUE Bezeichner§Task [Prioritätsangabe]; } |
{einfache-Startbedingung CONTINUE [Prioritätsangabe] ; }

einfache-Startbedingung ::=
{ AT Ausdruck§Uhrzeit
AFTER Ausdruck§Dauer
WHEN Name§Interrupt }

Ist Bezeichner§Task angegeben, so bewirkt die Anweisung, daß sich die bezeichnete Task sofort (Form ohne Startbedingung) oder zu dem durch die Startbedingung bestimmten Zeitpunkt um den ihr zugeordneten Prozessor bewirbt - gegebenenfalls mit der angegebenen Priorität, die dann die vereinbarte Priorität ersetzt.

Die Form ohne Bezeichner§Task bewirkt, daß sich die ausführende Task zu dem durch die Startbedingung bestimmten Zeitpunkt erneut um den ihr zugeordneten Prozessor bewirbt - gegebenenfalls mit der angegebenen Priorität, die dann die vereinbarte Priorität ersetzt.

Beispiel:

Die Task ERFASSUNG soll eine Ausgabe veranlassen und sich erst nach Eintritt des Interrupts WEITER fortsetzen, dann jedoch mit erhöhter Priorität.

```
ERFASSUNG: TASK PRIO 8;
               Erfassung
           WHEN  WEITER  CONTINUE  PRIO 5;
               Ausgabe
           SUSPEND;
               Erfassung
           END;
```

4.3.6 Verzögern einer Task

Soll eine Task für eine bestimmte Zeitdauer oder bis zum Eintritt einer bestimmten Uhrzeit bzw. eines Interrupts den ihr zugeordneten Prozessor freigeben (sich verzögern), so ist folgende Anweisung auszuführen:

Task-Verzögern ::=
einfache-Startbedingung RESUME [Bezeichner§Task] ;

Diese Anweisung ist äquivalent der ununterbrechbaren Kombination der Anweisungen

einfache-Startbedingung CONTINUE [Bezeichner§Task] ;
SUSPEND [Bezeichner§Task] ;

Nach Ausführung der Anweisung Task-Verzögern ist die Startbedingung unwirksam.

Beispiel:

Die Task STEUERUNG soll ein Gerät einschalten und 10 Sekunden später prüfen, ob das Gerät wie vorgesehen arbeitet.

```
STEUERUNG:  TASK ;
                Einschalten des Geräts
            AFTER 10 SEC RESUME ;
                Prüfung der Funktion des Geräts
            ...
            END;
```

4.3.7 Ausplanen einer Task

Mitunter ist es nötig, die für eine Task bestehenden Einplanungen aufzuheben, d.h. dafür zu sorgen, daß die Startbedingungen unwirksam werden, die mit Anweisungen für diese Task verknüpft sind. Dies kann mit folgender Anweisung erreicht werden:

```
Task-Ausplanen ::=
    PREVENT  [Bezeichner§Task] ;
```

Die Anweisung beendet die betreffende Task nicht; ist Bezeichner§Task nicht angegeben, so wirkt sie auf die ausführende Task.

Beispiel:

Die Prozedur STEUERUNG, die von einer übergeordneten Task aufgerufen wird, gibt einen Fahrbefehl an ein Förderzeug aus, das innerhalb von zwei Minuten die Fertigmeldung FERTIG auslösen muß, die die Task VERSORGUNG startet. Ist nach zwei Minuten die Fertigmeldung nicht eingetroffen, soll die Task STOERUNG gestartet und der eventuell noch mögliche, aber verspätete Start von VERSORGUNG verhindert werden. Im Normalfall - FERTIG trifft innerhalb von zwei Minuten ein - muß der eingeplante Start von STOERUNG wieder ausgeplant werden.

```
PROBLEM:
    SPECIFY FERTIG INTERRUPT;
    STEUERUNG:   PROC (X  FIXED,  /* X-KOORDINATE */
                       Y  FIXED) ; /* Y-KOORDINATE */
          Umwandlung der übernommenen Koordinaten in einen Bitstring
          Ausgabe des Bitstrings an das Förderzeug
        WHEN FERTIG ACTIVATE VERSORGUNG ;
        AFTER 2 MIN ACTIVATE STOERUNG ;
        ...
        END;
    VERSORGUNG: TASK  PRIO  3;
        PREVENT  STOERUNG;
        ...
        END;
    STOERUNG:   TASK PRIO 2;
        PREVENT VERSORGUNG;
        ...
        END;
```

4.4 Synchronisierung von Tasks

Grundsätzlich werden Tasks unabhängig voneinander abgearbeitet. Es kann jedoch auch der Fall eintreten, daß mehrere Tasks Teilaufgaben eines komplexeren Gesamtproblems bearbeiten und dabei bestimmte Betriebsmittel, insbesondere Daten, gemeinsam benutzen müssen.

Beispiel:

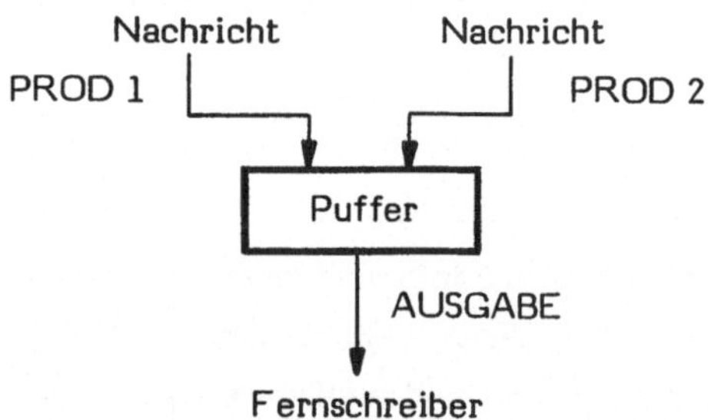

Die Tasks PROD1 und PROD2 produzieren Nachrichten, die sie in einem gemeinsamen Puffer ablegen wollen; durch die Task AUSGABE wird eine Nachricht aus dem Puffer entnommen und auf einem Fernschreiber formatiert ausgegeben.

Damit die Operationen richtig ablaufen, müssen sie wie folgt koordiniert werden:

- AUSGABE erzeugt nur dann eine Ausgabe, wenn eine Nachricht gepuffert wurde, wartet also gegebenenfalls auf Füllung des Puffers durch PF oder PROD2.
- PROD1 und PROD2 können nur dann eine Nachricht puffern, wenn gerade keine frühere Nachricht durch AUSGABE ausgegeben wird, d.h. sie müssen eventuell zurückgestellt werden, bis AUSGABE eine Nachricht vollständig ausgegeben hat.
- Die Teilabläufe von PROD1 und PROD2 zum Puffern einer Nachricht schließen sich wechselseitig aus.

Zur Kontrolle solcher Koordinierungsarbeiten werden zwei Typen von Synchronisiervariablen, die Sema- und die Bolt-Variablen, eingeführt. Soll der Zugriff auf gemeinsam benutzte Betriebsmittel (z.B. Daten, Prozeduren, Geräte) koordiniert werden, ordnet man diesen Betriebsmitteln jeweils eine Synchronisiervariable zu; die benutzenden Tasks führen sodann vor Benutzung eines Betriebsmittels eine Sperr-Anweisung und nach Benutzung eine Freigabe-Anweisung auf die zugeordnete Synchronisiervariable aus.

Die Zuordnung von Synchronisiervariablen zu Betriebsmitteln erfolgt nicht durch PEARL-Anweisungen; sie ist gedacht und besteht nur darin, daß eine bestimmte Synchronisiervariable immer nur im Zusammenhang mit einem bestimmten Betriebsmittel benutzt wird. Eine solche Zuordnung ist nicht auf Daten, Prozeduren, Geräte etc. beschränkt - sie muß mitunter auch für Programmabschnitte (z. B. zur Erledigung von Teilaufgaben) vorgenommen werden, deren Abläufe alle beendet sein sollen, bevor ein bestimmter Programmabschnitt (z. B. die Hauptaufgabe) weiter ausgeführt wird.

4.4.1 Exklusiver Zugriff und Synchronisierung mittels Sema-Variablen

Sema-Variablen können als Werte nicht negative ganze Zahlen besitzen. Diese Zahlen stellen die Zustände "frei" oder "gesperrt" dar: Null bedeutet den Zustand "gesperrt" (die Sema-Variable "sperrt"), positive Zahlen bedeuten den Zustand "frei". Diese Zustände können nur durch spezielle Sperr- und Freigabe-Anweisungen geändert werden.

Sema-Variablen werden z.B. wie folgt deklariert:

```
DCL Bezeichner-Angabe SEMA;
```

Beispiel:

```
DCL (EIN, AUS) SEMA;
```

Nach ihrer Deklaration hat eine Sema-Variable den Zustand "gesperrt".

Soll eine Sema-Variable explizit den Zustand "gesperrt" erhalten, ist folgende Sperr-Anweisung auszuführen:

```
REQUEST Bezeichner§ Sema ;
```

Die Wirkung dieser Anweisung hängt von dem aktuellen Wert der bezeichneten Sema-Variablen ab:

- Ist der Wert größer Null, wird er um 1 erniedrigt.
- Ist der Wert gleich Null, bleibt er unverändert; die ausführende Task wird jedoch angehalten und in eine Warteschlange eingereiht, die der Sema-Variablen (intern) zugeordnet ist (sie wird blockiert).

Die Ausführung der Freigabe-Anweisung

RELEASE Bezeichner§Sema ;

bewirkt, daß der Wert der bezeichneten Sema-Variablen um 1 erhöht wird. Außerdem werden die in der Warteschlange der Sema-Variablen stehenden Tasks befreit; diese wiederholen ihre Sperr-Anweisung in der Reihenfolge ihrer Priorität.

Beispiel:

Mit diesen Hilfsmitteln läßt sich nun das Problem der Pufferung von Nachrichten folgendermaßen lösen:

Für die Eingabe von Nachrichten in den Puffer wird eine Sema-Variable EIN, für die Ausgabe aus dem Puffer eine Sema-Variable AUS vereinbart. Bei der Vereinbarung werden EIN und AUS implizit mit "gesperrt" initialisiert. Die Task AUSGABE wird von außen gestartet. Bevor sie die Tasks PROD1, PROD2 startet, muß EIN den Zustand "frei" erhalten.

```
PROBLEM;
   DCL (EIN, AUS) SEMA;
   AUSGABE: TASK PRIO 3;
               RELEASE EIN; ACTIVATE PROD1; ACTIVATE PROD2;
      NEXTA: REQUEST AUS;
                    Ausgabe auf den Fernschreiber
                 RELEASE EIN;
                 GOTO NEXTA;
                 END;
```

```
PROD1: TASK PRIO 4;

  AUFBER:    Aufbereiten der Nachricht
             REQUEST EIN;
               Puffern;
             RELEASE AUS;
             GOTO AUFBER;
             END;

PROD2: TASK PRIO 5;

  AUFBER:    Aufbereiten der Nachricht
             REQUEST EIN;
               Puffern
             RELEASE AUS;
             GOTO AUFBER;
             END;
```

Erklärung:

AUSGABE wartet zunächst auf die Freigabe von AUS, d.h. auf die Pufferung einer Nachricht, weil AUS nur von PROD1 und PROD2 freigegeben werden kann. Nach erfolgter Ausgabe gibt AUSGABE EIN frei, läßt also eine Pufferung zu, und wartet auf einen neuen Auftrag. PROD1 und PROD2 können nur dann eine Nachricht puffern, wenn für EIN der Zustand "frei" definiert ist; nach dem Puffern einer Nachricht geben sie AUS frei und stoßen damit AUSGABE an.

Durch fehlerhafte Synchronisierungen können sich Tasks gegenseitig ständig blockieren; eine solche Systemverklemmung (engl. deadlock) könnte beispielsweise durch folgende Programmorganisation entstehen:

Task T1	Task T2
REQUEST S1 ;	REQUEST S2 ;
1. Abschnitt	1. Abschnitt
REQUEST S2 ;	REQUEST S1 ;
2. Abschnitt	2. Abschnitt
RELEASE S2 ;	RELEASE S1 ;
RELEASE S1 ;	RELEASE S2 ;

Befinden sich die Tasks T1 und T2 zugleich in ihrem ersten Abschnitt, so entsteht eine Verklemmung, denn einerseits wird T1 durch die Ausführung der Anweisung "REQUEST S2 ;" blockiert, weil T2 bereits die Sperre mit der Sema-Variablen S2 aufgebaut hat, und andererseits wird T2 durch Ausführung der Anweisung "REQUEST S1 ;" blockiert. Da keine Freigabe-Anweisung mehr ausgeführt werden kann, bleiben die Blockierungen ständig bestehen.

Zur Vermeidung solcher Situationen können bei Sperr-Anweisungen Listen von Sema-Variablen angegeben werden.

Durch Ausführung der Anweisung

REQUEST Bezeichner§Sema , ·· ;

wird die ausführende Task blockiert, falls für eine der bezeichneten Sema-Variablen der Zustand "gesperrt" notiert ist; die Task wird erst wieder fortgesetzt, wenn alle Sema-Variablen nicht mehr sperren. Sperrt keine der bezeichneten Sema-Variablen, so wird die ausführende Task fortgesetzt, nachdem die Werte dieser Sema-Variablen um 1 erniedrigt wurden.

Die Anweisung

RELEASE Bezeichner§Sema , ·· ;

wirkt, als ob für jede der bezeichneten Sema-Variablen ohne Unterbrechung eine Freigabe-Anweisung ausgeführt würde.

Durch folgende Programmorganisation ließe sich die Verklemmung im letzten Beispiel vermeiden:

Task 1	Task 2
REQUEST S1, S2;	REQUEST S1, S2;
1. Abschnitt	1. Abschnitt
2. Abschnitt	2. Abschnitt
RELEASE S1, S2;	RELEASE S1, S2;

Die Reihenfolge der Sema-Variablen in den Listen ist ohne Bedeutung.

Die allgemeinen Formen für die Deklaration von Sema-Variablen sowie Sperr- und Freigabe-Anweisungen lauten:

Sema-Deklaration ::=

$\left\{\begin{matrix}\text{DECLARE}\\ \text{DCL}\end{matrix}\right\}$ Bezeichner-Angabe [Dimensionsattribut] SEMA

[Resident-Attribut] [Global-Attribut]
[PRESET (ganze-Zahl-ohne-Genauigkeit ,••)];

Request-Anweisung ::=
REQUEST Name§Sema ,•• ;

Release-Anweisung ::=
RELEASE Name§Sema ,•• ;

Es sind also auch Bereiche von Sema-Variablen möglich; die einzelnen Elemente werden in den Sperr- und Freigabe-Anweisungen indiziert angesprochen.

Sema-Variablen müssen auf Modulebene deklariert werden. Bei der Deklaration können Sema-Variablen auch explizit initialisiert werden durch Angabe von "PRESET (ganze-Zahl-ohne-Genauigkeit,••)"; die betreffenden Sema-Variablen erhalten die angegebenen Werte entsprechend der Reihenfolge zugewiesen.

Beispiel:

Den Sema-Variablen S1 und S2 sollen bei ihrer Deklaration die Werte 3 und 5 zugewiesen werden.

DCL (S1, S2) SEMA PRESET (3, 5);

Das Global- und Resident-Attribut werden in Teil III, Abschnitt 6 und 9, erklärt.

4.4.2 Steuerung der Betriebsmittelvergabe durch Bolt-Variable

Angenommen, in verschiedenen Tasks werden dieselben Daten zur Rechnung benutzt, aber nicht modifiziert (z.B. Vergleichsgrößen für Überwachungsprozesse); zusätzlich soll eine andere Task diese Daten neu ermitteln (z.B. Vorgabe neuer Überwachungsdaten). Es soll gewährleistet sein, daß sich die Abläufe zur Modifikation und zur Benutzung der Daten gegenseitig ausschließen; dagegen ist simultane Benutzung der Daten (durch mehrere Tasks) erwünscht.

Diese Probleme lassen sich im Prinzip mit den bisher beschriebenen Sperr- und Freigabe-Anweisungen lösen; jedoch ist die Formulierung relativ kompliziert und die Laufzeit für die Ausführung erheblich. Deshalb werden weitere vier Anweisungen geboten, die sogenannte Boltvariablen ansprechen.

Eine Boltvariable kann die Zustände "gesperrt", "Sperre möglich" oder "Sperre nicht möglich" annehmen, je nachdem, ob das zugeordnete Betriebsmittel exklusiv benutzt wird, frei ist oder simultan benutzt wird.

Bolt-Variablen werden z.B. so deklariert:

```
DCL  Bezeichner-Angabe BOLT;
```

Nach ihrer Deklaration hat eine Bolt-Variable den Zustand "Sperre möglich".

Einem Betriebsmittel sei die Bolt-Variable B zugeordnet. Bei Eintritt in einen kritischen Abschnitt zur exklusiven Benutzung dieses Betriebsmittels wird der Zugriff anderer Tasks durch Ausführung der Anweisung

```
RESERVE B;
```

ausgesperrt, die Freigabe bei Austritt aus diesem kritischen Abschnitt erfolgt durch die Anweisung

```
FREE B;
```

Die kritischen Abschnitte zur simultanen Benutzung des Betriebsmittels werden durch Ausführung der Anweisung

```
ENTER B;  bzw.  LEAVE B;
```

eingeleitet bzw. abgeschlossen.

Die genauere Beschreibung der Wirkung dieser Anweisungen berücksichtigt den Zustand und die Modifikation der Bolt-Variablen:

Wirkung von RESERVE B;

Ist "Sperre möglich", so erhält B den Zustand "gesperrt"; anderenfalls wird die ausführende Task angehalten und in eine Warteschlange eingereiht, die B zugeordnet ist.

Wirkung von FREE B;

B bekommt den Zustand "Sperre möglich". Außerdem werden alle in der Warteschlange von B stehenden Tasks befreit; diese wiederholen ihre Sperr-Anweisungen in der Reihenfolge ihrer Priorität.

Wirkung von ENTER B;

Hat B den Zustand "gesperrt", oder befindet sich in der Warteschlange von B (aufgrund einer Reserve-Anweisung) eine Task, die die gleiche oder eine höhere Priorität als die ausführende Task besitzt, wird die ausführende Task angehalten und in die Warteschlange von B eingereiht. Anderenfalls erhält B den Zustand "Sperre nicht möglich", um exklusiven Zugriff zu verbieten; außerdem wird die (intern notierte) Anzahl Z der "mitbenutzenden" Tasks um 1 erhöht.

Wirkung von LEAVE B;

Ist Z = 1, so wirkt diese Anweisung wie "FREE B;". Anderenfalls wird Z um 1 erniedrigt und B behält den Zustand "Sperre nicht möglich".

Beispiel:

Eine Task MESSUNG ermittelt laufend Werte von Vergleichsgrößen aus einem zu überwachenden Prozeß, die von den Tasks STEUERUNG und DISPOSITION für Berechnungen benötigt werden. Es soll gewährleistet sein, daß MESSUNG nur dann die Vergleichsgrößen ändert, wenn sie nicht benutzt werden; dagegen sollen STEUERUNG und DISPOSITION die Vergleichsgrößen simultan benutzen.

Hierzu wird eine Bolt-Bariable VWERT deklariert; in den Körpern der drei Tasks werden die kritischen Abschnitte der Modifikation oder Benutzung der Vergleichsgrößen folgendermaßen eingeleitet bzw. abgeschlossen:

Im Körper von MESSUNG:

```
...
RESERVE VWERT;
    Modifikation
FREE VWERT;
...
```

In den Körpern von STEUERUNG und DISPOSITION:

```
...
ENTER VWERT;
    Benutzung
LEAVE VWERT;
...
```

Alle Anweisungen für Bolt-Variable sind auch für Listen von Bolt-Variablen definiert - in Analogie zu den Sperr- und Freigabe-Anweisungen für Sema-Variablen.

Allgemein können Bolt-Variablen wie folgt deklariert und benutzt werden:

Bolt-Deklaration ::=

{ DECLARE | DCL } Bezeichner-Angabe [Dimensionsattribut] BOLT

[Resident-Attribut][Global-Attribut];

Reserve-Anweisung ::=
RESERVE Name§Bolt ,˙˙ ;

Free-Anweisung ::=
FREE Name§Bolt ,˙˙ ;

Enter-Anweisung ::=
ENTER Name§Bolt ,˙˙ ;

Leave-Anweisung ::=
LEAVE Name§Bolt ,˙˙ ;

Es können also auch Bereiche von Bolt-Variablen deklariert werden.

Bolt-Deklarationen müssen auf Modulebene erfolgen.

5. AUSDRÜCKE, ZUWEISUNGEN

5.1 Ausdrücke

In den vorangegangenen Abschnitten wurde der Begriff Ausdruck bei einigen Sprachformen ohne Erklärung benutzt, etwa bei

- der Ansprache von Bereichselementen
  Bezeichner (Ausdruck,˙˙)
  z.B. TAB (K, 2*I)
- der Return-Anweisung
  RETURN (Ausdruck) ;
  z.B. RETURN (NR) ;
- dem Aufruf von Prozeduren
  Liste-akt-Parameter ::= (Ausdruck,˙˙)
  z.B. CALL P (A, TAB (K, 2*I)) ;
- Startbedingungen für Tasks
  AT Ausdruck§Uhrzeit
  z.B. AT 12:00:00 ACTIVATE T ;

Diese Beispiele zeigen, daß ein Ausdruck zumindest

. eine Konstante
. ein Bezeichner
. ein indizierter Bezeichner oder
. ein arithmetischer Ausdruck (z.B. 2*I)

sein kann.

Bezeichner und indizierte Bezeichner werden auch unter dem Begriff "Name" zusammengefaßt (vgl. jedoch Teil III, 1. Strukturen):

Name ::=
  Bezeichner [(Index,˙˙)]

Index ::=
  Ausdruck§mit-ganzer-Zahl-als-Wert

Die in Ausdrücken angegebenen Namen müssen im allgemeinen Namen von skalaren Variablen sein; in den Ausdruckslisten der Ausgabe-Anweisungen (vgl. 7.4, 7.5, 7.6) dürfen jedoch auch Bezeichner von Bereichen und Strukturen angegeben werden.

Allgemein hat ein Ausdruck die Form

Ausdruck ::=
  [monadischer-Operator] Operand dyadischer-Operator··

Monadische Operatoren haben nur einen Operanden, dyadische Operatoren haben zwei Operanden.

monadischer-Operator ::=
  + | - | NOT | Z-monad-Operator

dyadischer-Operator ::=
  + | - | * | / | // | ** | < | LT | > | GT | <= | LE | >= | GE | == | EQ | /=
  NE | AND | OR | EXOR | >< | CAT | <> | CSHIFT | SHIFT | Z-dyad-Operator

Operand ::=
  Konstante | Name | Funktionsaufruf | bedingter-Ausdruck |
  Dereferenzierung | Kettenausschnitt | (Ausdruck)

Beispiele:

- -A + B * C - D/E**2
- (A - B)/(A + B)
- F(TAB(K, 2*I))/(F(I) - 3)
- A < B OR A < C
- PROZESSABBILDNEU AND NOT PROZESSABBILDALT
  (das Ergebnis hat an der Bitstelle eine 1, an der PROZESSABBILDALT eine 0 und PROZESSABBILDNEU eine 1 besitzt)
- XKOORD >< YKOORD >< ZKOORD
  (die drei Bitketten werden zu einer Bitkette verkettet)

Z-monad-Operator und Z-dyad-Operator bzw. Dereferenzierung und Kettenausschnitt werden in Teil III (Abschnitt 11 bzw. 4 und 2) beschrieben.

Der bedingte Ausdruck kann z.B. in Zuweisungen oder Funktionsprozeduren nützlich sein; er hat folgende Form:

```
bedingter-Ausdruck ::=
    IF  Ausdruck§mit-einem-Wert-vom-Typ-B1
        THEN Ausdruck ELSE Ausdruck FIN
```

Ergibt die Berechnung des Ausdrucks hinter IF den Wert '1'B (wahr), so wird der Ausdruck hinter THEN anstelle des bedingten Ausdrucks eingesetzt, ist der Wert gleich '0'B (falsch), so wird der Ausdruck hinter ELSE eingesetzt.

Beispiele:

(1) Die Funktionsprozedur MAX soll die größere von zwei Gleitpunktzahlen feststellen und zurückgeben.

```
MAX: PROC ( (X, Y) FLOAT) RETURNS (FLOAT) ;
     RETURN (IF X > Y THEN X ELSE Y  FIN) ;
     END ;
...
A := MAX (B, C)/2 ;
```

(2) Gleichwertig mit dieser Zuweisung ist die folgende Zuweisung:

```
A : = (IF B > C  THEN  B  ELSE  C   FIN)/2 ;
```

Teile eines Ausdrucks können geklammert werden, um die Reihenfolge der Ausdrucksberechnung (vgl. 5.1.3) zu beeinflussen, z.B.

```
A - (B + C)
```

5.1.1 Monadische Operatoren

Die folgende Tabelle beschreibt für jeden aufgeführten monadischen Operator

- welchen Typ der Operand haben darf
- welchen Typ das Ergebnis (der Operation) hat und
- die Bedeutung des Operators.

Dabei steht a für irgendeinen Operanden, g für die Genauigkeit und lg für die Länge des Operanden.

Syntax	Typ des Operanden a	Typ des Ergebnisses	Bedeutung
+a	FIXED (g) FLOAT (g) DURATION	FIXED (g) FLOAT (g) DURATION	keine
-a	FIXED (g) FLOAT (g) DURATION	FIXED (g) FLOAT (g) DURATION	Umkehrung des Vorzeichens von a
NOT a	BIT (lg)	BIT (lg)	Umkehrung aller Bitstellen von a

Beispiel:

```
DCL (X, Y) FLOAT, B BIT (4) ;
X := 3 ;
B := '1001'B ;
Y := -X ;          /* Y HAT DEN WERT -3 */
B := NOT B ;       /* B HAT DEN WERT '0110'B */
```

Weitere monadische Operatoren, insbesondere Typwandlungsoperatoren, werden in Teil III, Abschnitt 11, beschrieben.

5.1.2 Dyadische Operatoren

Die folgende Tabelle beschreibt für jeden aufgeführten dyadischen Operator,

- welchen Typ die Operanden haben dürfen
- welchen Typ das Ergebnis (der Operation) besitzt und
- die Bedeutung des Operators.

Dabei bezeichnen

- a bzw. b den ersten bzw. zweiten Operanden
- g1, g2, ... bzw. lg1, lg2, ... die Genauigkeiten bzw. Längen der Operanden und des Ergebnisses.

Syntax	Typ von a	Typ von b	Typ des Ergebnisses	Bedeutung
a + b	FIXED(g1)	FIXED(g2)	FIXED(g3)	Addition der Werte von
	FIXED(g1)	FLOAT(g2)	FLOAT(g3)	a und b.
	FLOAT(g1)	FIXED(g2)	FLOAT(g3)	g3 = max (g1, g2)
	FLOAT(g1)	FLOAT(g2)	FLOAT(g3)	
	DURATION	DURATION	DURATION	
	DURATION	CLOCK	CLOCK	
	CLOCK	DURATION	CLOCK	
a - b	FIXED(g1)	FIXED(g2)	FIXED(g3)	Subtraktion der Werte
	FIXED(g1)	FLOAT(g2)	FLOAT(g3)	von a und b.
	FLOAT(g1)	FIXED(g2)	FLOAT(g3)	g3 = max (g1, g2)
	FLOAT(g1)	FLOAT(g2)	FLOAT(g3)	
	DURATION	DURATION	DURATION	
	CLOCK	DURATION	CLOCK	
	CLOCK	CLOCK	DURATION	
a * b	FIXED(g1)	FIXED(g2)	FIXED(g3)	Multiplikation der Werte
	FIXED(g1)	FLOAT(g2)	FLOAT(g3)	von a und b.
	FLOAT(g1)	FIXED(g2)	FLOAT(g3)	g3 = max (g1, g2)
	FLOAT(g1)	FLOAT(g2)	FLOAT(g3)	
	FIXED(g1)	DURATION	DURATION	
	DURATION	FIXED(g2)	DURATION	

Syntax	Typ von a	Typ von b	Typ des Ergebnisses	Bedeutung
a/b	FIXED(g1)	FIXED(g2)	FLOAT(g3)	Division der Werte von
	FLOAT(g1)	FIXED(g2)	FLOAT(g3)	a und b,
	FIXED(g1)	FLOAT(g2)	FLOAT(g3)	falls b $\neq$ 0 ist.
	FLOAT(g1)	FLOAT(g2)	FLOAT(g3)	
	DURATION	FIXED(g2)	DURATION	g3 = max (g1, g2)
a//b	FIXED(g1)	FIXED(g2)	FIXED(g3)	Ganzzahlige Division der Werte von a und b, d.h. das Ergbnis besteht nur aus dem ganzzahligen Anteil g3 = max (g1, g2)
a**b	FIXED(g1)	FIXED(g2)	FIXED(g1)	Potenzierung der Werte
	FLOAT(g1)	FIXED(g2)	FLOAT(g1)	von a und b: a^b
a{< / LT}b	FIXED(g1)	FIXED(g2)	BIT(1)	Vergleich auf "kleiner als": Ist der Wert von a kleiner als der Wert von b, so hat das Ergebnis den Wert '1' B, anderenfalls '0'B.
	FIXED(g1)	FLOAT(g2)		
	FLOAT(g1)	FIXED(g2)		
	FLOAT(g1)	FLOAT(g2)		
	CLOCK	CLOCK		
	DURATION	DURATION		

Syntax	Typ von a	Typ von b	Typ des Ergebnisses	Bedeutung
a {> / GT} b	siehe a < b	siehe a < b	BIT(1)	Vergleich auf "größer als": Ist der Wert von a größer als der Wert von b, so hat das Ergebnis den Wert '1'B, anderenfalls '0'B.
a {<= / LE} b	siehe a < b	siehe a < b	BIT(1)	Vergleich auf "kleiner oder gleich als": Ist der Wert von a kleiner oder gleich als der Wert von b, so hat das Ergebnis den Wert '1'B, anderenfalls '0'B.
a {>= / GE} b	siehe a < b	siehe a < b	BIT(1)	Vergleich auf "größer oder gleich als": Ist der Wert von a größer oder gleich als der Wert von b, so hat das Ergebnis den Wert '1'B, anderenfalls '0'B.
a {== / EQ} b	FIXED(g1) FIXED(g1) FLOAT(g1) FLOAT(g1) CLOCK DURATION CHAR(lg1) BIT(lg1)	FIXED(g2) FLOAT(g2) FIXED(g2) FLOAT(g2) CLOCK DURATION CHAR(lg2) BIT(lg2)	BIT(1)	Vergleich auf "gleich": Ist der Wert von a gleich dem Wert von b, so hat das Ergebnis den Wert '1'B, anderenfalls '0'B. Ist lg2 ≠ lg1, so wird die kürzere Zeichen- bzw. Bitkette rechts um |lg2 - lg1| Leerzeichen bzw. Nullen verlängert.

Syntax	Typ von a	Typ von b	Typ des Ergebnisses	Bedeutung
a {/= / NE} b	FIXED(g1) FIXED(g1) FLOAT(g1) FLOAT(g1) CLOCK DURATION CHAR(lg1) BIT(lg1)	FIXED(g2) FLOAT(g2) FIXED(g2) FLOAT(g2) CLOCK DURATION CHAR(lg1) BIT(lg1)	BIT(1)	Vergleich auf "ungleich": Ist der Wert von a ungleich dem Wert von b, so hat das Ergebnis den Wert '1'B, anderenfalls '0'B.
a AND b	BIT(lg1)	BIT(lg2)	BIT(lg2)	Es muß lg2≥lg1 sein; im Fall lg2>lg1 wird der Wert von a rechts um lg2 - lg1 Nullen verlängert.
a OR b	BIT(lg1)	BIT(lg2)	BIT(lg2)	Die folgende Tabelle zeigt den Wert der i-ten Bitstelle des Ergebnisses in Abhängigkeit des Wertes der i-ten Bitstelle von a und b:
a EXOR b	BIT(lg1)	BIT(lg2)	BIT(lg2)	

a	b	a AND b	a OR b	a EXOR
1	1	1	1	0
1	0	0	1	1
0	1	0	1	1
0	0	0	0	0

Syntax	Typ von a	Typ von b	Typ des Ergebnisses	Bedeutung
a { >< , CAT } b	CHAR(lg1)	CHAR(lg2)	CHAR(lg3)	Verkettung: Das Ergebnis ist eine Zeichen- bzw. Bitkette der Länge lg3=lg1+lg2, die aus der Kette a, gefolgt von der Kette b, besteht
	BIT(lg1)	BIT(lg2)	BIT(lg3)	
a { <> , CSHIFT } b	BIT(lg)	FIXED(g)	BIT(lg)	Zyklischer Shift von a um b Stellen nach links (b>0) bzw. rechts (b<0)
a SHIFT b	BIT(lg)	FIXED(g)	BIT(lg)	a wird um b Stellen nach links (b>0) bzw. rechts (b<0) geshiftet, wobei Nullen nachgezogen werden

Beispiele für die genannten dyadischen Operatoren werden im Zusammenhang mit Zuweisungen (siehe 5.2) beschrieben.

Teil III, Abschnitt 11, enthält Definitionen weiterer dyadischer Operatoren.

5.1.3 Berechnung von Ausdrücken

Im folgenden bezeichnen Kleinbuchstaben a, b, c Konstanten oder skalare Variablen.

Gemäß den Regeln der Arithmetik hängt die Reihenfolge der Berechnung eines Ausdrucks davon ab, welchen (Vor-) Rang die einzelnen Operatoren des Ausdrucks besitzen. Der dyadische Operator "*" hat z.B. einen höheren Rang als der dyadische Operator "+": Bei dem Ausdruck "a+b*c" wird also zurerst "b*c" berechnet und dann dieses Produkt zu a addiert.

Die folgende Aufstellung definiert die Rangordnung für dyadische Operatoren, wobei eine niedrigere Zahl einen höheren Rang bedeutet.

Rang	dyadische Operatoren
1	**
2	*, /, ><, //
3	+, -, <>, SHIFT
4	<, >, <=, >=
5	==, /=
6	AND
7	OR, EXOR

Die monadischen Operatoren +, - und NOT haben den Rang 1.

Die Reihenfolge der Berechnung eines Ausdrucks wird außerdem in der üblichen Weise durch die Klammerung von Teilen des Ausdrucks beeinflußt; z.B. wird bei dem Ausdruck

a*(b-(c-d))

zuerst c-d berechnet, dann dieses erste Zwischenergebnis von b subtrahiert und erst dann dieses zweite Zwischenergebnis mit a multipliziert.

Allgemein erfolgt die Berechnung eines Ausdrucks nach folgenden Regeln:

- Der Teilausdruck mit dem ranghöchsten Operator wird zuerst berechnet, sofern hierdurch nicht eine der beiden folgenden Regeln verletzt wird.

- Treten mehrere Operatoren des gleichen Rangs auf, so erfolgt die Berechnung
  - im Fall 2 ≤ Rang ≤ 7 von links nach rechts
    Beispiel: a - b + c entspricht (a-b)+c
  - im Fall Rang = 1 von rechts nach links
    Beispiel: -a**b entspricht -(a**b)
- Geklammerte Teilausdrücke werden nach obigen Regeln vollständig berechnet, bevor sie mit einem anderen Teilausdruck verknüpft werden.

Beispiel:

```
(a*(b-c))**d < e+F(x)   AND   h/(i+j) >= (k-1)*m
```

Die geschweiften Klammern zeigen, welche Teilausdrücke bei der Berechnung gebildet und mit anderen Teilausdrücken verknüpft werden.

5.2 Zuweisungen

Zuweisungen sind nur für skalare Variablen definiert und zwar in der Form

```
Zuweisung ::=
    Name§skalare-Variable {:= | =} Ausdruck ;
```

Die Anweisung bewirkt, daß der links vom Zuweiungszeichen := oder = angegebenen Variablen der Wert des rechts stehenden Ausdrucks zugewiesen wird, d.h. nach der Ausführung der Zuweisung kann man sich mit diesem Namen auf den durch Ausdruck bestimmten Wert beziehen, der gegebenenfalls vor der eigentlichen Zuweisung berechnet wird:

```
ERGEBNIS (I) := KOEFF * SIN ((X(I+1)-X(I))/X(I)) ;
```

Der Typ der links vom Zuweisungszeichen angegebenen Variablen und der Typ des Wertes des Ausdrucks müssen übereinstimmen mit folgenden Ausnahmen:

- Einer FLOAT-Variablen darf der Wert einer FIXED-Variablen bzw. eine ganze Zahl zugewiesen werden.
- Die Genauigkeit einer links vom Zuweisungszeichen stehenden Zahlen-Variablen darf größer sein als die Genauigkeit des Wertes des Ausdrucks.

- Eine links stehende Bit- bzw. Zeichenkette darf eine größere Länge als der zuzuweisende Wert haben; dieser wird gegebenenfalls rechts mit Nullen bzw. Leerzeichen ergänzt.

Operatoren für nötige Typwandlungen sind in Teil III, 11.1, beschrieben.

Beispiele:

```
DCL  (I,J) FIXED(12), K  FIXED(31),
     (X,Y) FLOAT,
     BIT8  BIT(8), BIT12  BIT(12),
     TEXT4  CHAR(4), TEXT10  CHAR(10),
     DAUER(2)  DURATION,
     ZEIT(2)  CLOCK;
I   := 2.0;                     /* FALSCH */
J   := 3;
X   := J+5; Y := 0;
K   := J;
J   := K;                       /* FALSCH */
TEXT10 := 'ERGEBNIS';           /* TEXT10 HAT DEN WERT 'ERGEBNIS␣␣' */
BIT8 := 'A9F'B4;                /* FALSCH, WEIL ZU LANG */
DAUER(1) := 1 HRS;
DAUER(2) := 30 MIN;
ZEIT(1) := 11:00:00;
ZEIT(2) := ZEIT(1) + (IF ZEIT(1) < 12:00:00
                        THEN DAUER (1)
                        ELSE DAUER (2)
                     FIN);
BIT8 := '10001100'B;
BIT12 := BIT8 >< '11';          /* BIT12 HAT DEN WERT '100011001100'B*/
BIT8 := BIT8  CSHIFT 3;         /* BIT8 HAT DEN WERT '01100100'B*/
BIT12 := BIT12  SHIFT  -6;      /* BIT12 HAT DEN WERT '000000100011'B*/
```

Es besteht die Möglichkeit, Variablen mit einem Attribut für Zuweisungsschutz (vgl. Teil III, Abschnitt 8,) zu vereinbaren. Zuweisungen an solche Variablen führen zu Fehlermeldungen.

6. ANWEISUNGEN ZUR STEUERUNG DES SEQUENTIELLEN PROGRAMMABLAUFS

Eine Task- oder Prozedur-Vereinbarung definiert eine Folge von Anweisungen, die bei der Ausführung der Task oder Prozedur in der definierten Reihenfolge sequentiell abgearbeitet werden, sofern nicht dafür vorgesehene Steueranweisungen die Reihenfolge der Abarbeitung beeinflussen.

Solche Steueranweisungen sind

- die Sprung-Anweisung,
- die bedingte Anweisung,
- die Anweisungsauswahl,
- die Leeranweisung und
- die Wiederholung.

6.1 Sprung-Anweisung

```
Sprung-Anweisung ::=
          GOTO Name§Marke ;
```

Diese Anweisung bewirkt, daß der Programmablauf an der durch den Markennamen bestimmten Programmstelle fortgesetzt wird. Diese Programmstelle muß eine Anweisung sein und darf nicht außerhalb des Körpers der Task liegen, die die Sprung-Anweisung ausführt.

Beispiel:

```
              . . .
MESSEN: LESEN: READ WERT FROM GERAET;
                    . . .
                    GOTO LESEN;
```

Allgemein können Anweisungen (mehrfach) mit Markenkonstanten (Bezeichnern) markiert werden, d.h. die Markenkonstante wird, durch Doppelpunkt getrennt, unmittelbar vor der (gegebenenfalls bereits markierten) Anweisung angegeben.

Analog zu Problemdaten-Variablen lassen sich aber auch Markenvariablen vereinbaren, die als Werte Markenkonstanten besitzen. Skalaren Markenvariablen können beliebig Markenkonstanten zugewiesen werden; Bereiche von Markenvariablen müssen bei der Vereinbarung mit Markenkonstanten initialisiert werden, weitere Zuweisungen sind hier nicht erlaubt.

```
Markenkonstante ::=
    Bezeichner

Markenvariablen-Deklaration ::=
    { DECLARE }                        { Typ-skalare-Marke    }
    {         } { Bezeichner-Angabe    {                      } } ,··;
    { DCL     }                        { Typ-Markenbereich    }

Typ-skalare-Marke ::=
    LABEL[{INITIAL|INIT}(Markenkonstante)]

Typ-Markenbereich ::=                  { INITIAL }
    Dimensionsattribut  LABEL          {         } (Markenkonstante,··)
                                       { INIT    }
```

Die genaue Bedeutung der Initialisierung wird im Zusammenhang mit dem Initialisierungsattribut im Teil III, Abschnitt 7, beschrieben.

Beispiele:

```
(1) DCL  M  LABEL;
        ...
    M1: Anweisung
        ...
    M2: Anweisung
     ...
     M := IF  I < 3  THEN  M1  ELSE  M2  FIN;
     GOTO M;

(2) DCL MARKE (3) LABEL INITIAL (FALL 1, FALL2, FALL3);
       ...
    FALL1: Anweisung
         ...
    FALL2: Anweisung
         ...
         Berechnung von I
         GOTO MARKE (I);
         ...
         GOTO FALL2;
         ...
```

6.2 Bedingte Anweisung

Mit Hilfe der bedingten Anweisung wird in Abhängigkeit vom Ergebnis eines Ausdrucks festgelegt, mit welcher Anweisung der Programmablauf fortgesetzt werden soll.

```
bedingte-Anweisung ::=
    IF Ausdruck THEN Anweisung··· [ ELSE Anweisung ··· ] FIN;
```

Das Ergebnis des Ausdrucks muß vom Typ BIT(1) sein. Liefert der Ausdruck den Wert '1'B (wahr), so werden die Anweisungen hinter THEN ausgewertet; anderenfalls werden, sofern angegeben, die Anweisungen hinter ELSE ausgewertet.

Sofern die Ausführung der Anweisungen hinter THEN bzw. ELSE nicht zu einem Sprung aus der bedingten Anweisung führt, wird anschließend die Anweisung hinter FIN; ausgewertet.

Beispiel:

```
IF GRADIENT > GRADGRENZE
    THEN GOTO ALARM;
    ELSE IF GRADIENT > GRADSCHWELLE
            THEN EVERY 1 SEC ACTIVATE MESSUNG;
                /* HAEUFIGER MESSEN */
         FIN;
FIN;
Protokollierung
...
```

Die Protokollierung wird ausgeführt, wenn GRADIENT kleiner oder gleich GRADGRENZE ist.

6.3 Anweisungsauswahl und Leeranweisung

Angenommen, eine (Funktions-) Prozedur STEUERUNG soll zur Steuerung mehrerer gleichartiger Geräte benutzt werden und nach jedem Aufruf eine Zahl zwischen 1 und 4 zurückgegeben mit der Bedeutung:

- Rückgabewert = 1: Auftrag durchgeführt
- Rückgabewert = 2: Auftragsdaten falsch
- Rückgabewert = 3: Gerät nicht ansprechbar
- Rückgabewert = 4: Gerät funktioniert nicht richtig

Die aufgerufene Task VERSORGUNG soll dann je Fall die vorgesehene Maßnahme durchführen.

Zur Programmierung solcher Fallunterscheidungen ist die Anweisungsauswahl geeignet:

```
Anweisungsauswahl::=
  CASE Ausdruck
    { ALT Anweisung ···} ···
    [OUT Anweisung···]
  FIN;
```

Der Anweisungsfolge hinter dem ersten ALT (Alternative 1) ist die Zahl 1 zugeordnet, der Anweisungsfolge hinter dem zweiten ALT (Alternative 2) die Zahl 2 usw.

Bei Ausführung der Anweisungsauswahl wird der angegebene Ausdruck ausgewertet; er muß einen Wert vom Typ FIXED ergeben. Liegt der ganzzahlige Wert zwischen 1 und der Anzahl der angegebenen Alternativen, so wird die zugeordnete Anweisungsfolge ausgeführt, anderenfalls wird die Anweisungsfolge hinter OUT (sofern angegeben) ausgeführt.

Sofern die ausgewählte Anweisungsfolge keinen Sprung aus der Anweisungsauswahl enthält, wird anschließend die Anweisung hinter FIN ausgewertet.

Beispiel:

Das obige Problem läßt sich folgendermaßen programmieren:

```
VERSORGUNG: TASK PRIO 7;
   STEUERUNG: PROC (NR FIXED /* GERAET */,
                      AUFTRAG BIT(8) /* AUFTRAGSINF. */)
                      RETURNS (FIXED);
      Prozedurkörper zur Erledigung des Steuerauftrags
      END; /* STEUERUNG */
   ...
      Bildung eines AUFTRAGs für das Gerät mit dem Index NR

      NOCHMAL: CASE STEUERUNG (NR, AUFTRAG)
         ALT  /* AUFTRAG ERLEDIGT */
              SKIP;
         ALT  /* AUFTRAGSINF. FALSCH */
              CALL FEHLER (2) ; GOTO ENDE ;
         ALT  /* GERAET TOT */
              ACTIVATE GERAETAUSFALL PRIO 2;
              CALL FEHLER(3) ; GOTO ENDE;
         ALT  /* GERAET FKT. FALSCH */
              CALL GERAETEKONTROLLE; GOTO NOCHMAL;
         OUT  /* ERGEBNIS AUSSER BEREICH */
              CALL FEHLER(5);
         FIN;
   ...
ENDE: END; /* VERSORGUNG */
```

In diesem Beispiel wird die Leeranweisung SKIP; benutzt. Sie ist ohne Wirkung und nur in bedingten Anweisungen und Anweisungsauswahlen von Interesse. In dem Beispiel wird durch SKIP; erreicht, daß im Erfolgsfall ("Auftrag erledigt") direkt die Anweisung hinter FIN; ausgeführt wird.

Die allgemeine Form der Leeranweisung lautet:

Leeranweisung ::=
   [SKIP];

6.4 Wiederholung

Häufig muß eine Anweisungsfolge wiederholt ausgeführt werden wobei sich nur ein Parameter ändert. Beispielsweise sollen verschiedene Geräte überprüft werden; ANZGERAETE sei die Anzahl der Geräte:

```
FOR I FROM 1 BY 1 TO ANZGERAETE
          REPEAT
             Überprüfung von GERAET(I)
          END;
```

Allgemein sind solche "Programmschleifen" wie folgt aufgebaut:

```
Wiederholung::=
    [FOR Bezeichner§Laufvariable ]
    [FROM Ausdruck§Anfangswert ]
    [BY Ausdruck§Schrittweite ]
    [TO Ausdruck§Endwert ]
    [WHILE Ausdruck§Bedingung ]
  REPEAT[;]
    [Vereinbarung]... [Anweisung]...
  END;
```

Die hinter REPEAT aufgeführten Vereinbarungen und Anweisungen, der Schleifenkörper, werden so oft durchgeführt, wie dies durch die davor angegebene Vorschrift vorgegeben ist; anschließend wird die hinter END folgende Anweisung ausgeführt. Es ist jedoch auch möglich, den Schleifenkörper vorzeitig durch eine Sprung-Anweisung zu verlassen. Sprünge in den Schleifenkörper hinein sind nicht zugelassen.

Im Schleifenkörper sind alle Anweisungen zugelassen; insbesondere können also Wiederholungen ineinandergeschachtelt werden:

```
FOR I TO 10
  REPEAT
    FOR K TO 10
      REPEAT
        C (I,K):= A(I,K) + B(I,K);
      END;
  END;
```

Fehlen Anfangswert oder Schrittweite, so werden sie als 1 angenommen. Fehlt der Endwert, kann der Schleifenkörper unbegrenzt oft wiederholt werden.

Die Laufvariable darf weder vereinbart noch verändert werden; sie hat implizit den Typ FIXED. Die Werte der Ausdrücke für Anfangswert, Schrittweite und Endwert müssen vom Typ FIXED, der Wert des Ausdrucks für die Bedingung vom Typ BIT(1) sein.

Die Laufvariable darf in den angegebenen Ausdrücken mit Ausnahme von Ausdruck§Bedingung nicht verwendet werden, wohl aber in den zu wiederholenden Anweisungen.

Im übrigen gelten für den Schleifenkörper alle Regeln für Blöcke (vgl. Teil III, 5.).

Das folgende Flußdiagramm ist eine äquivalente Darstellung der Anweisung

```
FOR  Bezeichner§Laufvariable
FROM  Ausdruck§Anfangswert
BY  Ausdruck§Schrittweite
TO  Ausdruck§Endwert
WHILE  Ausdruck§Bedingung
REPEAT ;
    Schleifenkörper
END ;
```

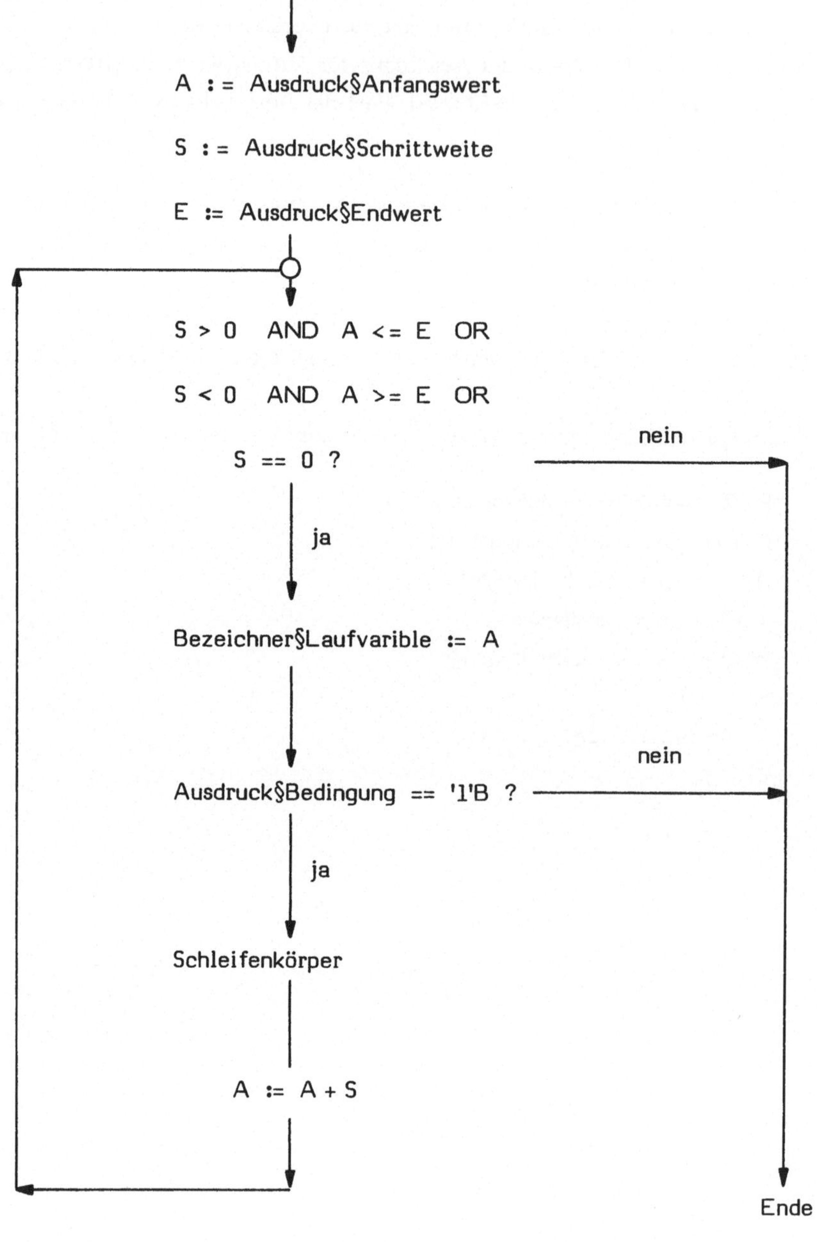
A := Ausdruck§Anfangswert
S := Ausdruck§Schrittweite
E := Ausdruck§Endwert
S > 0 AND A <= E OR
S < 0 AND A >= E OR
S == 0 ?
nein
ja
Bezeichner§Laufvarible := A
nein
Ausdruck§Bedingung == '1'B ?
ja
Schleifenkörper
A := A + S
Ende

7. EINGABE, AUSGABE

Die Ein- und Ausgabe-Anweisungen ermöglichen die Übertragung von Daten aus dem Arbeitsspeicher des Rechners auf eine externe Datenstation (Ausgabe) sowie umgekehrt die Übertragung von Daten, die sich auf einer externen Datenstation befinden, in den Arbeitsspeicher (Eingabe). Datenstationen sind primär Geräte der Standardperipherie (Drucker, Lochkartenleser, Konsole, Platte, Magnetband usw.) oder der Prozeßperipherie (Meßwertgeber, Stellglieder, Mikro-Rechensysteme usw.).

Außerdem können auf diesen system-definierten Datenstationen im Programm benutzer-definierte Datenstationen kreiert werden zur Aufnahme von Daten z.B. auf Platten, Magnetbändern, Druckern etc.

In den E/A-Anweisungen des Problemteils werden die Datenstationen unter frei wählbaren, logischen Benutzernamen angesprochen; die Eigenschaften der Datenstationen sind zuvor unter Aufführung dieser Namen zu vereinbaren.

In herkömmlichen Programmiersprachen wird die Zuordnung der im Programm verwendeten logischen Bezeichnungen (Benutzernamen) für Datenstationen zu den Geräten eines speziellen Rechensystems durch zusätzliche Steuerangaben beim Einrichten eines Übersetzer-Programms (Job-Control-Angaben) getroffen. In PEARL erfolgen diese Zuordnungen in einheitlicher Schreibweise durch den Systemteil.

7.1 Systemteil

Der Systemteil beschreibt die für eine Automationsaufgabe vorausgesetzte Peripherieausstattung eines speziellen Rechensystems; hierfür werden angegeben:

- die für die Datenübertragung verwendeten Werke,
- die Verbindung der Werke untereinander,
- die Verbindung der Geräte mit dem Rechner,
- die Zuführung der Signal- und Interruptmeldungen zum Interruptwerk des Rechners und
- die Benutzernamen für die system-definierten Datenstationen, Signale und Interrupts, die in den Anweisungen im Problemteil angesprochen werden.

Die Geräte, Signale und Interrupts eines bestimmten Rechensystems haben spezifische Systemnamen. Für die Beispiele in diesem Kapitel nehmen wir folgende Zuordnung an:

Systemname	Gerät
CPU	Zentraleinheit
INT	Interruptwerk
ANLE	Analog-Eingabe-Werk
DIGE	Digital-Eingabe-Werk
ANLA	Analog-Ausgabe-Werk
MULK	Multiplex-Kanal
SELK	Selektiv-Kanal
DISP	Display-Gerät

Sind mehrere Werke des gleichen Typs eingesetzt, so werden diese durch eine auf den Systemnamen folgende Indexangabe (positive ganze Zahl pgz in Klammern) unterschieden:

Ein Systemname hat somit die Form:

Systemname ::=
    Bezeichner§vom-System-vorgegeben [(pgz)]

So können beispielsweise 5 Displaygeräten die eindeutigen Angaben DISP (1), DISP (2), ..., DISP (5) zugeordnet werden.

Zur Beschreibung der möglichen Übertragungswege sind außerdem die verschiedenen Anschlußstellen eines Werkes eindeutig durch Nummern pgz oder Bezeichnungen zu unterscheiden. An einem Analog-Eingabe-Werk ANLE seien beispielsweise 32 Geber analoger Meßwerte (analoge Eingabegeräte), eine Interrupt-Leitung und eine Anschlußstelle zu einem Multiplex-Kanal MULK angeschlossen; den Anschlußstellen für die Geber sollen die Nummern 1 bis 32 zugeordnet sein; die Anschlußstellen zum Interrupt-Werk und Multiplex-Kanal sollen mit I und E bezeichnet werden. Das folgende Bild beschreibt das Analog-Werk ANLE mit seinen Anschlüssen.

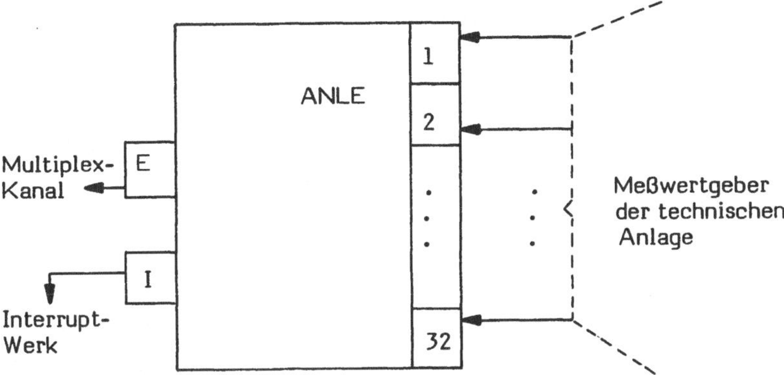

Eine Anschlußstelle wird in der Form:

Anschluß ::=

Systemname * { Bezeichner | ganze-Zahl }

beschrieben.

Den verschiedenen Anschlußstellen für das Werk ANLE sind somit die Systemnamen

ANLE*1, ANLE*2,... ANLE*32, ANLE*E und ANLE*I

zugeordnet.

Normalerweise werden den Anschlußstellen für die Geräte der technischen Anlage Nummern, die sogenannten Kanalnummern, zugeordnet (im Beispiel die Nummern 1 bis 32).

Bei der weiteren Beschreibung wird auf das folgende Bild einer Übertragungseinrichtung bezug genommen.

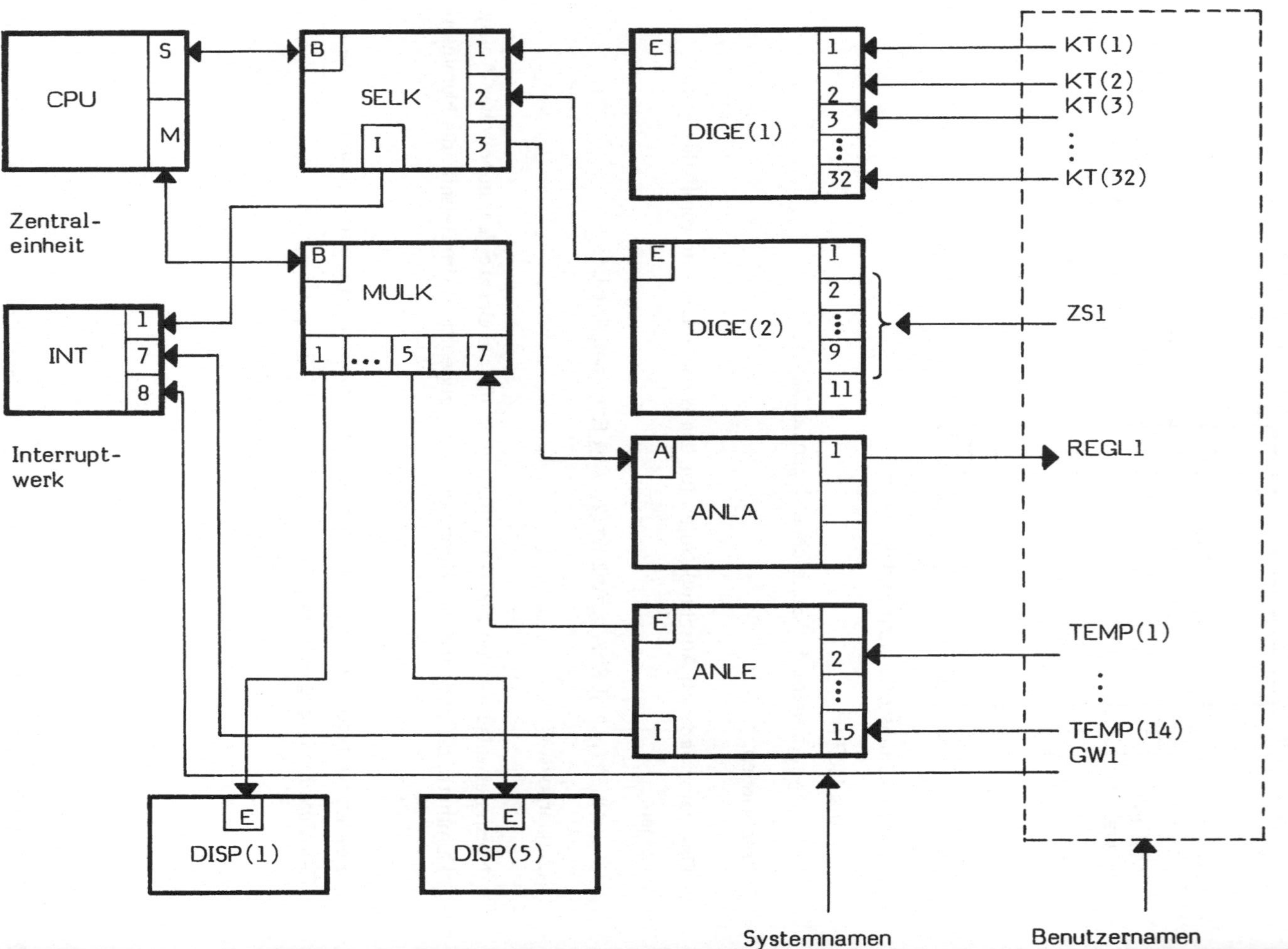
CPU
Zentral-
einheit
SELK
MULK
INT
Interrupt-
werk
DIGE(1)
DIGE(2)
ANLA
ANLE
DISP(1)
DISP(5)
KT(1)
KT(2)
KT(3)
KT(32)
ZS1
REGL1
TEMP(1)
TEMP(14)
GW1
Systemnamen
Benutzernamen

Die in diesem Bild gewählten Benutzernamen für die angeschlossenen systemdefinierten Datenstationen und Interrupts mögen folgende Bedeutung haben:

Benutzername	Gerät
KT(i)	i-ter Kontaktgeber (i=1,2,...,32)
ZS1	Zählerstandserfassung 1
REGL1	Regler 1
TEMP (i)	i-ter Temperaturfühler (i=1,2,...,14)
GW1	Grenzwertmelder 1

Der Zählerstand, der von ZS1 dem Digitaleingabewerk DIGE (2) zugeführt wird, wird durch 8 Bits dargestellt und demnach über 8 benachbarte Anschlußstellen übertragen. Allgemein können Digitalwerte über maximal 16 aufeinanderfolgende Anschlußstellen zugeführt werden. Demgegenüber werden Analogwerte (TEMP(i), REGL1) jeweils über eine Anschlußstelle übertragen.

Allgemein erfolgt die Angabe der Verbindung der Werke untereinander in der Form:

```
Werkverbindung ::=
    Anschluß { <- | -> | <-> }  Anschluß  ;
```

Dabei kennzeichnen die Pfeilsymbole die Richtung des Informationsflusses.

Für das angegebene Beispiel lassen sich die Werkverbindungen wie folgt beschreiben:

```
CPU*S <-> SELK*B;

        SELK*1  <-  DIGE(1)*E;
        SELK*2  <-  DIGE(2)*E;
        SELK*3  ->  ANLA*A;

CPU*M <->MULK*B;

        MULK*1  ->  DISP(1)*E;
        MULK*5  ->  DISP(5)*E;
        MULK*7  <-  ANLE*E;

INT*1  <-  SELK*I;
INT*7  <-  ANLE*I;
```

Für die Zuordnung von Benutzernamen zu Anschlüssen gleichen Typs, die durch aufeinanderfolgende Indizes (i, i + 1, ...) unterschieden werden, brauchen nur die Indexgrenzen angegeben werden:

```
Benutzernamen-Deklaration ::=

                                                    ⎧ Bezeichner       ⎫
    Bezeichner [(Indexgrenzen)] : Systemname *      ⎨ ganze-Zahl       ⎬
                                                    ⎩ (Indexgrenzen)   ⎭
    [,pgz§Bits ] [<- | -> | <->] ;

Indexgrenzen ::=
    ganze-Zahl : ganze-Zahl
```

Dabei gibt pgz§Bits die Anzahl Bits für Digital-Werte mit mehr als einem Bit an.

Die Anschlüsse der system-definierten Datenstationen und Interrupts lassen sich nun für das angegebene Besipiel folgendermaßen beschreiben:

Benutzername	Systemname
KT(1 : 32)	: DIGE(1) * (1 : 32) <- ;
ZS1	: DIGE(2) * 2,8 <- ;
REGL1	: ANLA * 1 -> ;
TEMP(1 : 14)	: ANLE * (2 : 15) <- ;
GW1	: INT * 8 <- ;

Weitere Möglichkeiten der Beschreibung von Verbindungen und Anschlüssen sind im Teil III, Abschnitt 14, dargestellt.

Durch ihre Angabe im Systemteil werden system-definierte Datenstationen, Signale und Interrupts unter ihren angegebenen (Benutzer-) Namen deklariert; im Problemteil müssen sie unter diesen Namen nur noch spezifiziert werden (vgl. 42., 7.2 und Teil III, 13.).

7.2 Vereinbarung von Datenstationen im Problemteil

Vor ihrer Benutzung müssen system-definierte Datenstationen unter Angabe ihres System- oder (besser) Benutzernamens im Problemteil spezifiziert werden. Für die Kontaktgeber KT (i) aus dem obigen Beispiel kann dies so erfolgen:

```
SPECIFY KT  ( )   DATION IN BIT (1);
```

Die allgemeine Form lautet:

Dation-Spezifikation ::=
{ SPECIFY | SPC }
Bezeichner-Angabe [virt-Dimensionsliste] Typ-Dation
[Resident-Attribut] [Global-Attribut] ;

Typ-Dation ::=
DATION Quelle-Senke-Attribut Klassenattribut
[Gliederung Zugriffsattribut] [Kontroll-Attribut]

Die verschiedenen Attribute ermöglichen es, bereits zur Übersetzungszeit Widersprüche zwischen den Eigenschaften von Datenstationen und ihrer Benutzungsweise in E/A-Anweisungen festzustellen.

Eine benutzer-definierte Datenstation wird im Poblemteil deklariert - unter Angabe des Namens der system-definierten Datenstation, auf der sie kreiert werden soll (CREATED (Name§system-def-Dation)):

Dation-Deklaration ::=
{ DECLARE | DCL }
Bezeichner-Angabe [Dimensionsattribut] Typ-Dation
[Resident-Attribut] [Global-Attribut]
CREATED (Name§system-def-Dation) ;

Es dürfen demnach Bereiche von Datenstationen vereinbart werden, die jedoch eindimensional sein müssen.

Jede Datenstation ist Quelle und/oder Senke einer Datenübertragung. Die betreffende Eigenschaft muß bei der Vereinbarung angegeben werden:

Quelle-Senke-Attribut ::=
IN | OUT | INOUT

IN bedeutet, daß diese Datenstation Quelle für Daten ist, d.h. sie darf nur in solchen Datenübertragungsanweisungen auftreten, die diese Daten in den Arbeitsspeicher übertragen (z.B. digitale Eingaben, Lochkartenleser).

Mit OUT spezifizierte Datenstationen dürfen nur als Senken für Ausgaben aus dem Arbeitsspeicher benutzt werden (z.B. Drucker).

Eine Datenstation mit dem Attribut INOUT läßt Datenübertragungen in beiden Richtungen zu (z.B. Platte).

Die Datenübertragungen erfolgen mit dem rechnerinternen Format der Daten oder mittels Wandlung zwischen rechnerinternem und externem Format. PEARL bietet hierfür drei verschiedene Arten von E/A-Anweisungen:

- Die READ/WRITE-Anweisungen für die Übertragung mit rechnerinternem Format (z.B. für Plattendateien und Prozeßdaten, siehe 7.4).
- Die PUT/GET-Anweisungen für die Übertragung mit Umwandlung zwischen internem Format und der Darstellung in dem Zeichensatz, der auf der Datenstation zur Verfügung steht (z.B. für Druckerausgabe, siehe 7.5).
- Die TAKE/SEND-Anweisungen für die Übertragung von Prozeßdaten, sofern hierfür nicht die Übertragung mit rechnerinternem Format gewählt werden kann (siehe 7.6).

Die Datenübertragung zu oder von einer Datenstation kann nur mit einer der angegebenen Arten erfolgen.

Die Auswahl wird bei der Vereinbarung der Datenstation mittels des Klassenattributs getroffen, das angibt, welcher der drei Klassen die Daten angehören:

- Sollen die READ/WRITE-Anweisungen benutzt werden, d.h. nimmt die Datenstation Daten in rechnerinternem Format auf, so wird als Klassenattribut der Typ der zu übertragenden Daten angegeben, z.B. FIXED oder FLOAT (15) oder BIT (8).

. Werden die Daten auf der Datenstation alpha-numerisch dargestellt (Fall PUT/GET), so erhält die Datenstation das Klassenattribut ALPHIC.

. Datenstationen für Übertragungen mit den TAKE/SEND-Anweisungen haben das Klassenattribut BASIC.

Die allgemeine Form des Klassenattributs lautet:

Klassenattribut ::=
  ALPHIC | BASIC | Typ-der-Übertragungsdaten

Typ-der-Übertragungsdaten ::=
  ALL | einfacher-Typ | zusammengesetzter-Typ

einfacher-Typ ::=
  Typ-ganze-Zahl | Typ-Gleitpunktzahl | Typ-Bitkette |
  Typ-Zeichenkette | Typ-Uhrzeit | Typ-Dauer

Die Angabe ALL schließt alle anderen Möglichkeiten von Typ-der-Übertragungsdaten ein.

Beispiel:

Auf einem Plattenspeichergerät mit dem Systemnamen PSP31 und dem Benutzernamen PLATTE sollen eine Datei FILE1 für die Eingabe von FIXED-Größen und eine Datei FILE2 für die Ein- und Ausgabe von FLOAT-Größen mit rechnerinternem Format kreiert werden.

```
SYSTEM ;
   PLATTE: PSP31 ;

PROBLEM ;
   SPC  PLATTE  DATION  INOUT  ALL ...;
   DCL  FILE1   DATION  IN  FIXED ... ;
   DCL  FILE2   DATION  INOUT  FLOAT ... ;
   ...
```

Die möglichen zusammengesetzten Typen werden im Teil III, 14., behandelt.

Das Quelle-Senke-Attribut und Klassenattribut müssen für jede Datenstation vereinbart werden. Nicht so die nun beschriebenen Attribute für die Gliederung und die Zugriffsmöglichkeiten einer Datenstation.

Die kleinste Datenmenge, die von bzw. zu einer Datenstation übertragen wird, heißt Datenelement. Ihr Typ ist durch das Klassenattribut bestimmt. Mehrere Datenelemente können zu einem Satz (synonym Zeile) und mehrere Sätze zu einem Abschnitt (synonym Seite) zusammengefaßt werden, d.h. die Gesamtheit der Elemente bildet ein 1-, 2- oder 3-dimensionales Feld. Dazu ist im Gliederungsattribut die Anzahl der Datenelemente einer Zeile, die Anzahl der Zeilen einer Seite und die Anzahl der Seiten mitzuteilen:

Gliederung ::=
({ * | pgz}[, pgz [, pgz]]) [TFU [MAX]]

Dabei bezeichnet die am weitesten rechst stehende pgz-Angabe immer die Anzahl der Elemente je Zeile, die nächste (gegebenenfalls fehlende) pgz-Angabe die Anzahl der Zeilen je Seite und die dann folgende (gegebenenfalls fehlende) pgz-Angabe die Anzahl der Seiten. Die Angabe * bedeutet, daß die entsprechende Anzahl nicht begrenzt ist. Beispielsweise kann eine Datenstation DRUCKER mit 120 Zeichen je Zeile, 60 Zeilen je Seite und beliebig vielen Seiten die Gliederung (*, 60, 120) erhalten.

Möglich sind die folgenden Kombinationen:

- 3-dimensionale Gliederung
  (Anzahl Seiten, Anzahl Zeilen, Anzahl Elemente)
  (*, Anzahl Zeilen, Anzahl Elemente)
- 2-dimensionale Gliederung
  (Anzahl Zeilen, Anzahl Elemente)
  (*, Anzahl Elemente)
- 1-dimensionale Gliederung
  (Anzahl Elemente)
  (*)

Die Gliederung gibt zudem an, wieviele Datenelemente bei Ausführung <u>einer</u> Datenübertragungsanweisung <u>mindestens</u> übertragen werden:

- Fehlen die Angaben TFU und MAX, so können einzelne Datenelemente, Zeilen oder Seiten übertragen werden.

Die Angabe TFU bedeutet, daß nur Zeilen oder Seiten übertragbar sind. Ist die aktuelle Anzahl der Datenelemente in einer Datenübertragungsanweisung kleiner als die Anzahl Datenelemente oder Zeilen, so wird die Zeile oder Seite implizit aufgefüllt (bei ALPHIC-Datenstationen mit Leerzeichen, bei BASIC-Datenstationen mit Nullen).

Beispiel:

```
DCL DRUCKER DATION OUT ALPHIC (*, 60, 120) TFU ... ;
...
PUT 'PEARL' TO DRUCKER ;
```

Diese PUT-Anweisung bewirkt, daß die fünf Zeichen P, E, A, R, L und anschließend 115 Leerzeichen in einer (neuen) Zeile von DRUCKER ausgegeben werden.

. TFU MAX läßt nur die Übertragung von Elementen und Zeilen zu.

Die möglichen Zugriffsarten zu einer Datenstation bestimmt das Zugriffsattribut:

Zugriffsattribut ::=

$$\left\{\begin{array}{l}\text{DIRECT}\\\text{FORWARD}\\\text{FORBACK}\end{array}\right\}\left\{\begin{array}{l}[\text{NOCYCL}]\\\;\text{CYCLIC}\end{array}\right\}\left\{\begin{array}{l}[\text{STREAM}]\\\;\text{NOSTREAM}\end{array}\right\}$$

DIRECT, bedeutet, daß (ausgehend von einem übertragenen Datenelement) auf ein beliebiges Datenelement unter Angabe der Position des Elements (siehe 7.4, 7.5) direkt zugegriffen werden kann.

Die Attribute FORWARD und FORBACK bedeuten sequentiellen Zugriff, d.h. der Zugriff darf (ausgehend von einem übertragenen Element) nur in der durch die Gliederung festgelegten Reihenfolge erfolgen - und zwar bei FORWARD nur vorwärts, bei FORBACK in beiden Richtungen - eventuell unter Angabe der relativen Position des gesuchten Elements zu dem gerade übertragenen Element (siehe 7.4, 7.5).

NOCYCL, CYCLIC, STREAM und NOSTREAM werden im Zusammenhang mit den E/A-Anweisungen in 7.4 und 7.5 behandelt.

Benutzen Datenübertragungsanweisungen Formate zur Transformierung der Daten oder zur Steuerung des Zugriffs (siehe 7.4, 7.5, 7.6), so müssen die entsprechenden Datenstationen das Kontroll-Attribut besitzen:

```
Kontroll-Attribut ::=
    CONTROL (ALL)
```

ALPHIC- und BASIC-Datenstationen müssen also immer mit dem Kontroll-Attribut vereinbart werden.

Beispiel:

Auf einem Plattenspeichergerät mit dem Systemnamen PSP31 und dem Benutzernamen PLATTE soll eine Datei für eine Tabelle mit 300 Zeilen und 5 Spalten kreiert werden. Die Tabellenelemente seien Gleitpunktzahlen; der Zugriff soll elementweise direkt und nur lesend erfolgen.

```
MODULE ;
    SYSTEM ;
        PLATTE: PSP31 ;
        ...
    PROBLEM ;
        SPC PLATTE DATION INOUT ALL CONTROL (ALL) ;
        DCL TABELLE DATION IN FLOAT (300, 5) DIRECT
              CONTROL (ALL) CREATED (PLATTE) ;
        ...
```

Beispiele für die Vereinbarung von Datenstationen für die zeichenweise Ein- und Ausgabe sowie die Übertragung von Prozeßdaten sind in 7.5 und 7.4 beschrieben.

7.3 Öffnen und Schließen von Datenstationen

Bevor eine Datenstation zum ersten Mal in einer Datenübertragungsanweisung benutzt werden darf, muß sie mit der Open-Anweisung eröffnet werden:

> Open-Anweisung ::=
> OPEN Name§Dation [BY Open-Parameter,..];

Durch Ausführung der Open-Anweisung wird eine Datenstation mit Gliederung auf ihren Anfang positioniert.

Die Open-Parameter dienen zum Umgang mit Datenstationen, die identifizierbare Datenbestände (Dateien) enthalten. Z.B. kann eine system-definierte Datenstation PLATTE einen Datenbestand TAB-1 besitzen, der unter diesem Namen auch nach Ende des Programms verwahrt wird. Das gleiche oder ein anderes Programm kann zu einem späteren Zeitpunkt auf PLATTE eine benutzer-definierte Datenstation TABELLE kreieren, die in der Open-Anweisung mit dem Datenbestand TAB-1 identifiziert wird.

> Open-Parameter ::=
> { IDF ({ Name§Character-Variable | Zeichenkettenkonstante }) |
> OLD | NEW | ANY | CAN | PRM }

Bedeutung der Parameter:

- IDF (Name§Character-Variable | Zeichenkettenkonstante)
  Der Wert der angegebenen Character-Variablen oder die angegebene Zeichenkettenkonstante sind der Name des Datenbestandes, der mit der unter Name§ Dation aufgeführten Datenstation identifiziert werden soll.

- OLD
  Existiert ein Datenbestand mit dem IDF-Namen, so wird er der angegebenen Datenstation zugeordnet. Anderenfalls, oder wenn IDF fehlt, wird ein Signal erzeugt (vgl. Abschnitt 13 im Teil III).

- NEW
  Es wird ein Datenbestand mit dem IDF-Namen neu angelegt und mit der angegebenen Datenstation identifiziert. Ist bereits ein Datenbestand mit diesem Namen vorhanden oder fehlt IDF, so wird ein Signal erzeugt.

. ANY
  Existiert bereits ein Datenbestand mit dem IDF-Namen, so wird dieser mit der angegebenen Datenstation identifiziert. Anderenfalls wird hierfür ein neuer Datenbestand angelegt. Fehlt IDF, so wird ein neuer Datenbestand unter einem vom System bestimmten Namen angelegt und mit der angegebenen Datenstation identifiziert.

. CAN (von "cancel")
  Der Datenbestand ist nach Ausführung der Close-Anweisung (siehe unten) nicht mehr zugänglich zu machen.

. PRM (von "permanent")
  Der Datenbestand ist nach Ausführung der Close-Anweisung noch vorhanden und nach erneuter Ausführung einer Open-Anweisung mit demselben IDF-Namen wieder zugänglich.

Bei fehlenden Open-Parametern werden ANY und PRM angenommen.

Durch die Ausführung der Close-Anweisung wird eine Datenstation geschlossen, d.h. sie ist dann erst wieder nach Ausführung einer Open-Anweisung benutzbar.

Close-Anweisung ::=
    CLOSE Name§Dation [BY Close-Parameter, ··] ;

Die in einer Open-Anweisung getroffenen Einstellungen für das Schließen einer Datenstation können durch eine Close-Anweisung überschrieben werden:

Close-Parameter ::=
    CAN | PRM

Allgemein gelten folgende Regeln:

. Nicht jede Task, die einen Zugriff auf eine Datenstation ausführt, muß eine Open- oder Close-Anweisung ausführen.

. Es muß jedoch bezüglich des Zugriffs auf eine Datenstation mindestens eine Open-Anweisung durchlaufen werden.

. Es müssen gleichviele Close-Anweisungen wie Open-Anweisungen durchgeführt werden, damit die Datenstation geschlossen ist.

- Sich entsprechende Open- und Close-Anweisungen müssen nicht durch die gleiche Task ausgeführt werden.
- Bei fehlenden Parametern werden ANY und PRM angenommen, sofern nicht vorher ausgeführte Close- oder Open-Anweisungen explizite Einstellungen vorgenommen haben.

Beispiel:

```
MODULE ;
   SYSTEM ;
      DRUCKER : DRUA -> ;
      PLATTE : PSP31 <-> ;
      ...
   PROBLEM ;
      SPC  DRUCKER  DATION  OUT  ALPHIC  CONTROL (ALL) ;
      DCL  TABPROT  DATION  OUT  ALPHIC  (*, 50, 30)
           FORWARD  CONTROLL (ALL)  CREATED (DRUCKER) ;
      SPC  PLATTE  DATION  INOUT  ALL  CONTROL (ALL) ;
      DCL  TABELLE  DATION  IN  FLOAT  (300,  5) DIRECT
           CONTROL (ALL)  CREATED (PLATTE) ;

      INIT :  TASK ;
              OPEN TABPROT ;
              OPEN TABELLE BY IDF ('TAB-1'), OLD ;
              ACTIVATE PROT ;
              ...
              END ;

      PROT:  TASK ;
              Datenübertragungsanweisungen mit TABELLE
              und TABPROT
              ...
              CLOSE TABPROT ;
              CLOSE TABELLE ;
              END ;
      ...
MODEND ;
```

7.4 Die Read- und die Write-Anweisung

Die Read-Anweisung dient zur Eingabe, die Write-Anweisung zur Ausgabe von Daten ohne Wandlung der rechnerinternen Darstellung (binäre Ein- und Ausgabe). Es können Daten einer Datei (z.B. auf Platte oder Magnetband) sowie Prozeßdaten von oder zu den angeschlossenen Geräten übertragen werden. Die entsprechenden Datenstationen müssen mit dem Klassenattribut "Typ-der-Übertragungsdaten" vereinbart sein.

Beispiele:

(1) Der Wert einer Zählerstandserfassung ZS1 (vgl. das Beispiel in 7.1) soll durch die Task KONTROLLE in die Variable ZAEHLER eingelesen werden. Dieselbe Task soll den Motor MOTOR durch Ausgabe von '1'B einschalten.

```
SYSTEM ;
   ZS1 : DIGE (2) * 2,8 <- ;
   MOTOR : DIGA * 7 -> ;
   ...
PROBLEM ;
   SPC ZS1 DATION IN BIT (8) ,
      MOTOR DATION OUT BIT (1) ;
   KONTROLLE : TASK ;
      DCL ZAEHLER BIT (8) ;
      ...
      READ ZAEHLER FROM ZS1 ;
      ...
      WRITE '1'B TO MOTOR ;
      ...
      END ;
...
```

(2) Die Spalten 4 und 5 in der Gliederung der Datenstation TABELLE (vgl. das Beispiel auf Seite 7 - 15) sollen durch neu berechnete Werte ersetzt werden.

```
...
DCL  (X, Y, Z)  FLOAT ;
...
FOR  ZEILE  FROM  1  TO  300
   REPEAT ;
      Berechnung von X, Y, Z
      WRITE  X,  SIN(Y+Z)  TO  TABELLE  BY  POS (ZEILE, 4) ;
END ;
```

(3) Eine Task MESSUNG mißt periodisch 14 Temperaturwerte TEMP (i), verarbeitet sie und schreibt sie sequentiell in Blöcken zu 14 Werten in ein Logbuch auf Magnetband.

```
SYSTEM ;
   TEMP (1 : 14) :  ANLE*(2 : 15)  <-  ;
   BAND:  MB(3) ;

PROBLEM ;
   SPC  TEMP  ( ) DATION  IN  FIXED (10) ,
        BAND  DATION  INOUT  ALL ;
   DCL  LOGBUCH  DATION  OUT  FIXED (15)  (*, 14) TFU  FORWARD
        CREATED (BAND) ;

   INIT:  TASK ;
      OPEN LOGBUCH ;  /*  POSITIONIERUNG AUF DEN ANFANG  */
      ALL 10 SEC ACTIVATE MESSUNG ;
      ...
   END ;  /*  INIT  */

   MESSUNG:  TASK;
      DCL TEMPERATUR (14)  FIXED (15) ;
      FOR  I  FROM  1  TO  14
         REPEAT ;
         READ  TEMPERATUR (I)  FROM  TEMP (I) ;
      END ;
         Verarbeitung der Meßwerte
      WRITE  TEMPERATUR  TO  LOGBUCH ;
   END ;  /*  MESSUNG  */
```

Die allgemeinen Formen der Read- und Write-Anweisungen lauten:

Read-Anweisung ::=

READ [{ Name§Variable | Ausschnitt } ,¨] FROM Name§Dation
[BY Position,¨];

Write-Anweisung ::=

WRITE [{Ausdruck | Ausschnitt } ,¨] TO Name§Dation
[BY Position,¨];

Ausschnitt ::=

Bezeichner§Bereich ([-] ganze-Zahl-ohne-Genauigkeit :
[-] ganze-Zahl-ohne-Genauigkeit)

Position ::=

absolute-Position | relative-Position

absolute-Position ::=

{ COL | LINE } (Ausdruck)
POS (Ausdruck [, Ausdruck [, Ausdruck]])

relative-Position ::=

{X | SKIP | PAGE } [(Ausdruck)]
ADV (Ausdruck [, Ausdruck [, Ausdruck]])

Bei der Eingabe mit der Read-Anweisung werden die angesteuerten Datenelemente nacheinander gelesen und den Variablen in der Variablenliste korrespondierend zugewiesen. Die Zuweisung zu den Variablen erfolgt dabei nach den allgemeinen Regeln für Zuweisungen. Ist ein Element der Variablenliste ein Bereich, so werden die angesteuerten Daten zeilenweise zugewiesen, ist es eine Struktur, so werden die Daten den Strukturkomponenten in der durch die Strukturvereinbarung (siehe Teil III, Abschnitt 1) festgelegten Reihenfolge zugewiesen.

Der einfacheren Schreibweise wegen können in der Variablenliste aufeinanderfolgende Elemente eines eindimensionalen Bereichs in Form eines Ausschnittes angegeben werden. Sei etwa LISTE ein Bereich mit zehn Elementen LISTE(1), ..., LISTE(10); dann sind die beiden folgenden Anweisungen äquivalent:

READ LISTE(2), LISTE (3), LISTE(4) ... ;
READ LISTE(2 : 4) ... ;

Die Anzahl der übertragenen Datenelemente wird nur durch die Variablenliste bestimmt, nicht durch die Positionsliste. Sind mehr Positionen als Variablen vorhanden, so werden die überzähligen Positionen ignoriert. Sind noch Variablen vorhanden, wenn die Positionsliste schon abgearbeitet ist, so werden die noch fehlenden Daten von den Positionen eingelesen, die (sequentiell) auf die zuletzt abgearbeitete Position folgen.

Die Eingabe ist beendet, wenn die Variablenliste abgearbeitet ist. Sind noch Listenelemente vorhanden, aber keine Datenelemente mehr, wird eine Fehlermeldung abgegeben.

Diese Aussagen gelten analog für die Write-Anweisung.

Der Typ der Variablen in der Variablenliste der Read-Anweisung muß mit dem Klassenattribut der angegebenen Datenstation verträglich sein; dies gilt analog für die Ergebnisse der Ausdrücke in der Ausdrucksliste der Write-Anweisung.

Die Variablen- oder Ausrucksliste der Read- oder Write-Anweisung kann fehlen, wenn diese Anweisungen nur zum Positionieren in der angegebenen Datenstation benutzt werden sollen. Dann muß allerdings eine Position angegeben sein.

Die Angaben in der Positionsliste beziehen sich auf die Gliederung der Datenstation und bestimmen die Datenelemente, die übertragen werden sollen. Deshalb müssen die Werte der Ausdrücke vom Typ FIXED und mit der Gliederung verträglich sein. Die Elemente der Positionsliste werden den Elementen der Variablen- oder Ausdrucksliste in der Reihenfolge der Niederschrift zugeordnet.

Bei Benutzung einer absoluten, d.h. vom aktuellen Datenelement unabhängigen Position muß die Datenstation das Zugriffsattribut DIRECT besitzen. Eine relative Position bezeichnet den Abstand des zu übertragenden Datenelements vom aktuellen Datenelement; in diesem Fall muß die Datenstation das Zugriffsattribut FORWARD, FORBACK oder DIRECT haben.

Im einzelnen haben die möglichen Positionsangaben folgende Bedeutung:

- COL (Ausdruck)
  bezieht sich auf die erste Dimension der Gliederung und bestimmt das i-te Element in der aktuellen Zeile der Datenstation, wenn i gleich dem Wert des Ausdrucks ist.

- LINE (Ausdruck)
  bezieht sich auf die zweite Dimension der Gliederung und bestimmt die i-te Zeile in der aktuellen Seite der Datenstation, wenn i gleich dem Wert des Ausdrucks ist.

Beispiel:

Der Gliederung (5, 10) entspricht ein 2-dimensionales Feld:

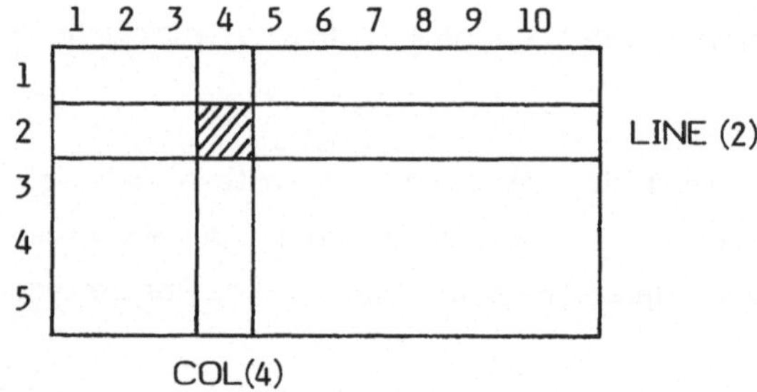

- POS (Ausdruck [, Ausdruck [, Ausdruck]])
  gibt die Position eines Datenelements in der n-dimensionalen Gliederung (n = 1,2,3) einer Datenstation an. Fehlende Ausdrücke werden durch den jeweiligen aktuellen Wert ersetzt.

Beispiel:

Durch die Anweisung

```
READ X FROM FILE1 BY POS (3,2,8);
```

wird das achte Datenelement der zweiten Zeile der dritten Seite von FILE1 in X gelesen. Folgt anschließend die Anweisung

```
READ X FROM FILE1 BY POS (4,5);
```

so wird das fünfte Datenelement der vierten Zeile der dritten Seite von FILE1 in X gelesen.

Im folgenden stehe i für den Wert des jeweiligen Ausdrucks.

. X [(Ausdruck)]
bezieht sich auf die erste Dimension der Gliederung und bestimmt das i-te Element nach (i positiv) bzw. vor (i negativ) dem aktuellen Element in der aktuellen Zeile der Datenstation; i = 0 bezeichnet das aktuelle Element.

. SKIP [(Ausdruck)]
bezieht sich auf die zweite Dimension der Gliederung und bestimmt den Anfang (das erste Element) der i-ten Zeile nach (i positiv) bzw. vor (i negativ) der aktuellen Zeile in der aktuellen Seite der Datenstation; i = 0 bezeichnet die aktuelle Zeile.

. PAGE [(Ausdruck)]
bezieht sich auf die dritte Dimension der Gliederung und bestimmt den Anfang der i-ten Seite nach (i positiv) bzw. vor (i negativ) der aktuellen Seite der Datenstation; i = 0 bezeichnet die aktuelle Seite.

Fehlt die Ausdrucksangabe bei X, SKIP bzw. PAGE, so wird der Wert 1 angenommen. Der Wert eines angegebenen Ausdrucks muß positiv sein, wenn die Datenstation das Attribut FORWARD besitzt.

. ADV (Ausdruck [, Ausdruck [, Ausdruck]])
gibt den Abstand des zu übertragenden Datenelements von dem aktuellen Datenelement an. Fehlende Ausdrücke werden durch den Wert Null ersetzt. Hat die Datenstation das Attribut FORWARD,so muß der Wert des am weitesten links angegebenen Ausdrucks positiv sein.

Beispiele:

Die betreffende Datenstation FILE1 habe die Gliederung (10, 10, 10), die aktuelle Position sei (5, 3, 8).

Positionsangabe	neue Position	
X	(5,3,9)	
X (-5)	(5,3,3)	
X (4)	(5,4,2)	(1)
SKIP (2)	(5,5,1)	
SKIP (-1)	(5,2,1)	
PAGE	(6,1,1)	
PAGE (6)	(1,1,1)	(2)
PAGE (-4)	(1,1,1)	
ADV (2,5,1)	(7,8,9)	
ADV (1,0)	(5,4,8)	
ADV (-3,-2,1)	(2,1,9)	
ADV (1,8,0)	(7,1,8)	(3)

Bei einer relativen Positionierung dürfen Dimensionsgrenzen nicht überschritten werden (vgl. die gekennzeichneten Beispiele), sofern die Datenstation nicht das Zugriffsattribut STREAM bzw. CYCLIC besitzt. STREAM erlaubt die Überschreitung der inneren Dimensionsgrenzen (Beispiele (1) und (3)), nicht aber, die Grenze der höchsten Dimension zu überschreiten (Beispiel (2)). Hierfür muß eine Datenstation das Attribut CYCLIC besitzen. Sollen bei den entsprechenden Grenzüberschreitungen Signale (vgl. Teil III, Abschnitt 13) erzeugt werden, müssen die Attribute NOSTREAM bzw. NOCYCL angegeben werden. Standardmäßig werden STREAM und NOCYCL angenommen.

Beispiel:

```
DCL FILE1 DATION INOUT FIXED (10,10,10) FORWARD CYCLIC
    CONTROL (ALL) CREATED (PLATTE) ;
```

Die aktuelle Position sei (5,3,8). Dann gilt:

Positionsangabe	neue Position
X (6)	(5,4,4)
SKIP (8)	(6,1,1)
PAGE (7)	(2,1,1)
ADV (9,0,3)	(4,4,1)

7.5 Die Get- und die Put-Anweisung

Die Get-Anweisung dient zur Eingabe, die Put-Anweisung zur Ausgabe von Daten mit Wandlung zwischen rechnerinterner und externer, zeichenorientierter Darstellung auf ALPHIC-Datenstationen. Zur Steuerung dieser Wandlung können Formate angegeben werden.

Beispiele:

(1) Auf dem Sichtgerät eines Lagerverwalters soll folgender Text erscheinen:

```
ARTIKEL-NR:   4711      (angefragte Artikelnr.)
BESTAND:    281
```

Nötige Programmschritte:

```
...
SPC SIG DATION INOUT ALPHIC CONTROL (ALL);
DCL LAGERSIG DATION INOUT ALPHIC (*,20,80)
      FORWARD CONTROL (ALL) CREATED (SIG);
DCL (ARTNR, BEST) FIXED;
...
PUT 'ARTIKEL-NR:', ARTNR, 'BESTAND:', BEST TO LAGERSIG
   BY X(3), A(11), X(2), F(4), SKIP, X(3), A(8), X(2), F(4);
...
```

(2) Ausgabe von zwei Werten im Standardformat auf einer neuen Seite des Druckers.

```
...
SPC THERMOPRINT DATION OUT ALPHIC CONTROL (ALL);
DCL DRUCKER DATION OUT ALPHIC (*,50,120) FORWARD
      CONTROL (ALL) CREATED (THERMOPRINT);
DCL A FIXED (15), X FLOAT (15);
...
A := 5; ... X := 2.33;
...
PUT TO DRUCKER BY PAGE;
PUT A, X TO DRUCKER BY LIST;
...
```

Die Ausführung ergibt folgendes Druckbild:

```
␣␣␣␣␣5␣␣␣2.33000E+00
└─────┘└──────────┘
   6        12
```

(3) Auf Lochkarten seien Daten in folgender Form abgelocht:

Spalte 1 - 10: Artikelbezeichnung (CHARACTER)

Spalte 12 - 20: Menge (FIXED)

Spalte 22 - 30: Preis je Einheit rechtsbündig (z.B. ␣␣␣124.57)

Sie sollen in die Variablen ARTBEZ, MENGE, PREIS eingelesen werden:

```
...
SPC LKL DATION IN ALPHIC CONTROL (ALL);
DCL KARTE DATION IN ALPHIC (*,80) TFU FORWARD
        CONTROL (ALL) CREATED (LKL),
    ARTBEZ CHAR (10),
    MENGE FIXED,
    PREIS FLOAT;
...
GET ARTBEZ, MENGE, PREIS FROM KARTE
    BY A(10), X, F(9), X, E(9), SKIP;
```

Die allgemeinen Formen der Get- und Put-Anweisungen lautet:

Get-Anweisung ::=
GET [{ Name§Variable | Ausschnitt } ,••] FROM Name§Dation
[BY Format-Position,••] ;

Put-Anweisung ::=
PUT [{ Ausdruck | Ausschnitt } ,••] TO Name§Dation
[BY Format-Position,••] ;

Format-Position ::=
{ [Faktor] { Format | Position }
Faktor (Format-Position,••) }

Faktor ::=
(ganze-Zahl-ohne-Genauigkeit§größer-Null)

Format ::=

Fixed-Format | Float-Format | Zeichenketten-Format | Bit-Format | Zeit-Format | Dauer-Format | List-Format | R-Format

Bei der Eingabe mit der Get-Anweisung werden die angesteuerten Datenelemente nacheinander gelesen und den Variablen in der Variablenliste korrespondierend (analog zur Read-Anweisung) zugewiesen. Die Zuweisung zu den Variablen erfolgt dabei nach den allgemeinen Regeln für Zuweisungen.

Die Eingabe ist beendet, wenn die Variablenliste abgearbeitet ist. Sind noch Listenelemente vorhanden, aber keine Datenelemente mehr, wird eine Fehlermeldung abgegeben.

Bei Ausführung der Put-Anweisung werden die Werte der in der Liste nach PUT angegebenen Ausdrücke in der aufgeführten Reihenfolge ausgegeben. Ist ein Element dieser Ausdrucksliste eine Struktur, so werden die Elemente der Struktur in der durch die Strukturvereinbarung (siehe Teil III, Abschnitt 1) festgelegten Reihenfolge ausgegeben.

In der Reihenfolge der Niederschrift ist jeder Variablen in der Variablenliste der Get-Anweisung ein Format in der Format-Positions-Liste zugeordnet, das die externe Darstellung der Date auf der angegebenen Datenstation beschreibt und zur Wandlung in die rechnerinterne Darstellung benutzt wird. Die Art des Formats wird durch den Typ der Variablen bestimmt. Außer Formaten kann die Liste der Format-Positionen auch Positionsangaben (vgl. 7.4) enthalten zur Positionierung in der Datenstation. Ist die Variablenliste noch nicht erschöpft, so werden die anstehenden Positionierungen ausgeführt und die eben genannte Zuordnung erst mit dem nächst folgenden Format fortgesetzt. Ist die Variablenliste dagegen schon erschöpft, so werden die nachfolgenden Positionsangaben ausgewertet, bis ein Format auftritt oder die Liste abgearbeitet ist.

Enthält die Variablenliste einen Ausschnitt oder einen Strukturnamen, so werden die folgenden Formate den Bereichselementen nacheinander zugeordnet, den Strukturelementen in der durch die Strukturvereinbarung festgelegten Reihenfolge.

Die Anzahl der übertragenen Datenelemente wird nur durch die Variablenliste bestimmt, nicht durch die Format-Positions-Liste. Sind mehr Formate als Variablen vorhanden, so werden die überzähligen Formate ignoriert. Sind noch Variablen vorhanden, wenn die Format-Positionsliste schon abgearbeitet ist, so wird wieder mit dem ersten Element der Format-Positionsliste begonnen. In jedem Fall ist die Übertragung beendet, wenn die Variablenliste erschöpft ist.

Diese Ausführungen gelten analog für die Put-Anweisung, wenn "Variable" durch "Ausdruck" ersetzt wird.

Die Datenstation muß das Klassenattribut ALPHIC, eine Gliederung, ein Zugriffsattribut und das Kontrollattribut CONTROL (ALL) besitzen. Die Wahl des Zugriffsattributs schränkt die Positionierungsmöglichkeiten ein (vgl. 7.4).

Die Format-Positionsliste besteht aus Format- und Positionsangaben. Zur Vereinfachung der Schreibweise dürfen in der Liste Wiederholungsfaktoren benutzt werden. Beispielsweise läßt sich die Format-Positionsliste

X(2), Float-Format, X(2), Float-Format, X(2), Float-Format

einfacher so schreiben:

(3) (X(2), Float-Format)

Die folgende Tabelle zeigt die zugelassenen Zuordnungen zwischen Formaten und den Typen der zu übertragenden Datenelemente:

Format	Datentyp
Fixed-Format	FIXED, FLOAT
Float-Format	FIXED, FLOAT
Bit-Format	BIT
Zeichenketten-Format	CHARACTER
Zeit-Dauer	CLOCK
Dauer-Format	DURATION
List-Format	alle angegebenen Datentypen

Im einzelnen haben die Formate folgende Form und Bedeutung (die Positionsangaben wurden in 7.4 erklärt):

7.5.1 Das Fixed-Format

Fixed-Format ::=
  F (Feldweite [, Dezimalstellen [, Skalenfaktor]])

Feldweite ::=
  Ausdruck§mit-ganzer-Zahl-als-Wert

Dezimalstellen ::=
  Ausdruck§mit-ganzer-Zahl-als-Wert

Skalenfaktor ::=
  Ausdruck§mit-ganzer-Zahl-als-Wert

Das Fixed-Format beschreibt die externe Darstellung dezimaler Festpunktzahlen. Die Feldweite w ist die Gesamtzahl der Zeichen, die der Dezimalzahl zur Verfügung steht, Dezimalstellen d bezeichnet die Anzahl der Ziffern hinter dem Dezimalpunkt. Der Skalenfaktor p kann sowohl positiv als auch negativ sein; er bewirkt, daß nicht die Zahl selbst, sonder ihr mit 10**p multiplizierter Wert übertragen wird.

Seine Bedeutung liegt darin, daß mit dem Fixed-Format zwar nur ganze Zahlen übertragen werden können, durch Skalierung jedoch auch die Verarbeitung gebrochener Festkommazahlen möglich ist, dadurch, daß diese bei der Eingabe in ganze Zahlen und bei der Ausgabe wieder in gebrochene Zahlen umgewandelt werden.

(1) Ausgabe

(1.1) Die Dezimalzahl wird rechtsbündig in einem Feld der Länge w in der Form

  [+ | -] pgz [. pgz]

abgelegt, wobei pgz eine positive ganze Zahl bedeutet. Nimmt die Zahl nicht das ganze Feld ein, so wird der linke Teil mit Leerzeichen aufgefüllt.

(1.2) Ist 0 > d oder w < d, so wird w-mal das Zeichen * abgelegt.

(1.3) Im Fall w < = 0 wird kein Zeichen abgelegt; der zugehörige Ausdruck in der Ausdrucksliste wird übergangen.

(1.4) Ist d = 0 oder nicht angegeben, so wird nur der ganzzahlige Anteil der Dezimalzahl ohne Dezimalpunkt gerundet ausgegeben.

(1.5) Mit Ausnahme der Null direkt vor dem Dezimalpunkt werden führende Nullen unterdrückt.

(2) Eingabe

(2.1) Es wird ein Feld der Länge w gelesen, das eine dezimale Festkommazahl in folgender Darstellung enthält:

[[+ | -] pgz [. [pgz]]]

(2.2) Leerzeichen, die der Zahl vorangehen oder nachfolgen, werden ignoriert.

(2.3) Ist das ganze Feld leer, wird der Wert 0 eingelesen.

(2.4) Tritt in der Darstellung kein Dezimalpunkt auf, so werden die letzten d Ziffern als Stellen nach einem Dezimalpunkt interpretiert. Es muß p >= d sein.

(2.5) Tritt in der Darstellung ein Dezimalpunkt vor den letzten b Ziffern auf, so hat dieser Vorrang vor der Spezifikation durch d. In diesem Fall ist eine Angabe von d bedeutungslos. Es muß p >= b sein.

(2.6) Ist w <= 0, so erfolgt keine Zuweisung; das zugehörige Datenelement wird übergangen.

Beispiele:

Wert	Format	Ausgabe
13.5	F(7,2)	␣␣13.50
275.2	F(4,1)	****
22.8	F(5)	␣␣␣23
212.73	F(9,2,2)	␣21273.00

7.5.2 Das Float-Format

Float-Format ::=
E (Feldweite [, Dezimalstellen [, Signifikanz]])

Signifikanz ::=
Ausdruck§mit-ganzer-Zahl-als-Wert

Das Float-Format beschreibt die externe Darstellung dezimaler Gleitpunktzahlen der Form

[+ | -] Gleitpunktzahl

wobei der Exponent aus zwei Ziffern besteht. Feldweite und Dezimalstellen haben dieselbe Bedeutung wie im Fixed-Format; die Signifikanz s bezeichnet die Anzahl der signifikanten Ziffern, d.h. die Länge der Mantisse.

E (w,d) ist gleichwertig mit E(w,d,d+1) und E(w) ist gleichwertig mit E(w,0).

(1) Ausgabe

Die Gleitpunktzahl wird rechtsbündig in einem Feld der Länge w abgelegt. Im übrigen gilt (1.1) von 7.5.1.

Ist $0 < w < d$, so wird ein Signal erzeugt.

Im Fall $0 < w > d > s$ wird die Mantisse so gewählt, daß gilt:

$$10^{s-d-1} \leq |\text{Mantisse}| < 10^{s-d}$$

Für w = 0 wird kein Zeichen abgelegt; der zugehörige Ausdruck in der Ausdrucksliste wird übergangen.

Ist $d > 0$, so hat die Zahl die Form

[-] s-d Ziffern . d Ziffern E {+ | -} Exponent.

Der Exponent wird so bestimmt, daß die führende Ziffer der Mantisse ungleich Null ist, sofern die Zahl von Null verschieden ist.

Ist d = 0, so hat die Zahl die Form

[-] s Ziffern E {+ | -} Exponent

Ist w zu klein, um eine Ziffer der Mantisse ausgeben zu können, wird ein Signal erzeugt und w-mal das Zeichen * ausgegeben.

(2) Eingabe

Es wird ein Feld der Länge w gelesen, das eine dezimale Gleitpunktzahl in einer der möglichen Darstellungen (vgl. Teil I, 2.2.2) enthält.

Die Aussagen (2.2) bis (2.6) von 7.5.1 gelten analog.

Beispiele:

Wert	Format	Ausgabe
-0.07	E(9,1)	␣-7.0E-02
2713.5	E(11,2,4)	␣␣27.13E+02
2721	E(8)	␣␣␣2E+03

7.5.3 Das Zeichenketten-Format

Zeichenketten-Format ::=
A [(Ausdruck§Anzahl-Zeichen)]

Das Zeichenketten-Format beschreibt die externe Darstellung von Zeichenketten (Character-Größen) der Form

Zeichen$^{\cdots}$

Der Wert des Ausdrucks im Zeichenketten-Format bedeutet die Gesamtzahl w der für die Darstellung verfügbaren Zeichenpositionen.

(1) Ausgabe

Hat das Format die Form A (Ausdruck), so wird die Zeichenkette in der oben dargestellten Form linksbündig in ein Feld der Länge w ausgegeben. Besteht sie aus mehr als w Zeichen, wird sie rechts abgeschnitten, besteht sie aus weniger als w Zeichen, wird das Feld rechts mit Leerzeichen aufgefüllt. Ist w = 0, so werden keine Zeichen ausgegeben und der Ausdruck in der Ausdrucksliste der Put-Anweisung übergangen.

Ist der Ausdruck im Format nicht angegeben und hat das Format also die Form A, so wird die Kette in ein Feld ausgegeben, dessen Länge gleich der Kettenlänge ist.

(2) Eingabe

Das Format muß die Form A (Ausdruck) haben.

Es werden w Zeichen eingelesen.

Ist w kleiner als die Länge lg der zugehörigen Zeichenkettenvariablen, so wird rechts mit Leerzeichen aufgefüllt; im Fall w > lg wird recht abgeschnitten. Ist w = 0, so erhält die Variable eine Kette von lg Leerzeichen zugewiesen.

Beispiele:

Die Ausgabe der Zeichenkette 'PEARL' im Format

- A(5) ergibt PEARL
- A(7) ergibt PEARL␣␣
- A(2) ergibt PE

Die Eingabe der Zeichenkette 'PEARL␣␣' an eine CHAR(5)-Variable TEXT im Format

- A(5) ist äquivalent zu TEXT := 'PEARL' ;
- A(7) ist äquivalent zu TEXT := 'PEARL' ;
- A(2) ist äquivalent zu TEXT := 'PE␣␣␣' ;

7.5.4 Das Bit-Format

Bit-Format ::=
{B | B1 | B2 | B3 | B4} [(Ausdruck§Anzahl-Zeichen)]

Das Bit-Format beschreibt die externe Darstellung von Bitketten (Bit-Größen) und zwar (vgl. Teil I, 2.2.3)

- in binärer Form durch das Format {B | B1} [(Ausdruck)]
- in Form von Tetraden durch das Format B2 [(Ausdruck)]
- in Form von Oktaden durch das Format B3 [(Ausdruck)]
- in hexadezimaler Form durch das Format B4 [(Ausdruck)] .

Der Wert des Ausdrucks im Bit-Format bedeutet die Gesamtzahl w der für die Darstellung verfügbaren Zeichenpositionen.

(1) Ausgabe

Ist der Ausdruck im Format angegeben, so wird die Bitkette in der oben dargestellten Form linksbündig in ein Feld der Länge w ausgegeben. Besteht sie aus mehr als w Zeichen, wird sie rechts abgeschnitten, besteht sie aus weniger als w Zeichen, wird das Feld rechts mit Nullen aufgefüllt. Ist w nicht angegeben und hat das Bit-Format also die Form B | B1 | B2 | B3 | B4, so wird die Kette in ein Feld ausgegeben, dessen Länge gleich der Kettenlänge ist.

(2) Eingabe

Der Ausdruck muß angegeben werden.

Es wird ein Feld der Länge w eingelesen, das eine Bitkette der oben beschriebenen Form enthalten muß. Das Feld darf nicht ausschließlich aus Leerzeichen bestehen. Der Kette vorangehende oder nachfolgende Leerzeichen werden ignoriert. Die Aussage (2) von 7.5.3 gilt sinngemäß.

Beispiele:

Die Ausgabe der Bitkette '0101110' im Format

- B(5) ergibt 01011
- B2(3) ergibt 113
- B3(3) ergibt 270
- B4(2) ergibt 5C

Die Variable BITKETTE sei vom Typ BIT(8); für die Eingabe ergeben sich etwa folgende Möglichkeiten:

einzugebendes Datenelement	Format	Wert von BITKETTE
11111	B(5)	11111000
201	B2(3)	10000100
235	B3(3)	01001110
AB	B4(2)	10101011

7.5.5 Das Zeit-Format

Zeit-Format ::=
T (Feldweite [, Dezimalstellen])

Das Zeit-Format beschreibt die externe Darstellung von Uhrzeitangaben. Die Feldweite bedeutet die Gesamtzahl w der für die Darstellung verfügbaren Zeichenpositionen, Dezimalstellen steht für die Anzahl d der Ziffern für die Sekundenbruchteile der Uhrzeit.

(1) Ausgabe

Die Uhrzeit wird rechtsbündig in einem Feld der Länge w in der Form

[Ziffer] Ziffer: Ziffer Ziffer:Ziffer Ziffer [. pgz]

ausgegeben. Ist die erste Ziffer eine Null, wird sie durch ein Leerzeichen ersetzt. Im Fall d = 0 werden Dezimalpunkt und Sekundenbruchteile nicht mit ausgegeben.

Nimmt der Ausgabewert nicht das ganze Feld ein, so wird der linke Teil mit Leerzeichen aufgefüllt.

(2) Eingabe

Es wird ein Feld der Länge w eingelesen, das eine Uhrzeit in einer erlaubten Darstellung enthalten muß (siehe (1)). Vorangehende oder nachfolgende Leerzeichen werden ignoriert.

Beispiele:

Wert	Format	Ausgabe
12.30 Uhr 5.2 Sek	T(12,1)	␣␣12:30:05.2
8 Uhr	T(8)	␣8:00:00

7.5.6 Das Dauer-Format

Dauer-Format ::=
D (Feldweite [, Dezimalstellen])

Das Dauer-Format beschreibt die externe Darstellung von Dauern. Der Wert der Feldweite bedeutet die Gesamtzahl w der für die Darstellung verfügbare Zeichenpositionen, der Wert von Dezimalstellen die Anzahl d der Ziffern für die Sekundenbruchteile der Dauer.

(1) Ausgabe

Die Dauer wird rechtsbündig in einem Feld der Länge w in der Form

[Ziffer] Ziffer␣HRS␣Ziffer Ziffer␣MIN␣Ziffer Ziffer [. pgz]␣SEC

ausgegeben. Es gelten die Regeln von 7.5.5 (1).

(2) Eingabe

Es wird ein Feld der Länge w eingelesen, das eine Dauer in einer erlaubten Darstellung enthalten muß (siehe (1)). Vorangehende oder nachfolgende Leerzeichen werden ignoriert.

Beispiele:

Wert	Format	Ausgabe
11 Stunden 15 Minuten	D(20)	11␣HRS␣15␣MIN␣00␣SEC
100 Millisekunden	D(24,3)	␣0␣HRS␣00␣MIN␣00.100␣SEC

7.5.7 Das List-Format

List-Format ::=
LIST

Das List-Format dient zur Ein- und Ausgabe von Fixed-, Float-, Bit-, Char-Clock- und Dur-Größen.

(1) Ausgabe

Aufeinanderfolgende Ausgabedaten werden durch je zwei Zwischenräume getrennt. Die Daten werden so ausgegeben, als ob für eine Größe vom Typ

CHAR(k)	das Format	A(k),
BIT(k)	"	B(k),
FIXED(k)	"	F(l),
FLOAT(k)	"	E(m,m-7,8),
CLOCK	"	T(8),
DUR	"	D(20)

mit l = ENTIER (k/3.32) + 2, m = ENTIER (k/3.32) + 8 vereinbart wäre.

(2) Eingabe

Die Eingabedaten können irgendeine Form haben, die für die Darstellung von Konstanten erlaubt ist. Sie werden durch ein Komma oder mindestens zwei Zwischenräume getrennt. Steht zwischen zwei Kommas keine Konstante, so bleibt das entsprechende Element der Variablenliste ungeändert.

Beispiele:

Datentyp	Wert	implizites Format	Ausgabe
FIXED(15)	127	F(6)	␣␣␣127
FLOAT(15)	3.28E+28	E(12,5,8)	␣3.28000E+28
BIT(8)	'EF'B4	B(8)	11101111

7.5.8 Das R-Format

Manchmal werden gleiche Format-Positionslisten in mehr als einer Get- oder Put-Anweisung benutzt. Das R-Format dient dazu, diese Listen nur einmal zu beschreiben. Hierzu wird die Liste mit der sogenannten Format-Deklaration eingeführt.

Format-Deklaration ::=
{ Bezeichner: }··· FORMAT (Format-Position,··) ;

Beispiel:

FTAB : FORMAT (X(2), F(8,3), (3) (X(2), E(10,3))) ;

Ein solcherart vereinbartes Format kann in einer Get- oder Put-Anweisung unter Angabe seines Bezeichners benutzt werden:

R-Format ::=
R (Bezeichner§Format)

Bei der Datenübertragung wird das R-Format durch die Format-Positionsliste ersetzt, die in der bezeichneten Format-Deklaration enthalten ist.

Beispiel:

PUT A, X, Y, Z TO DRUCKER BY R (FTAB) ;

Die Format-Positionsliste in der Format-Deklaration darf kein R-Format enthalten, das sich direkt oder indirekt (über eine weitere Format-Deklaration) auf die eigene Format-Deklaration bezieht.

7.6 Die Take- und die Send-Anweisung

Die Take-Anweisung dient zur Eingabe, die Send-Anweisung zur Ausgabe von Daten mit Wandlung zwischen rechnerinterner Darstellung und externer Darstellung als Binärfolgen, die sich aus sogenannten Basiselementen zusammensetzen (z.B. 0 und 1). Diese Anweisungen sind im wesentlichen für die formatierte Übertragung von Prozeßdaten vorgesehen, sofern hierfür die Übertragung mit rechnerinternem Format (vgl. 7.4) nicht gewählt werden kann.

Take-Anweisung ::=
 TAKE [{Name§Variable | Ausschnitt} ,..] FROM Name§Dation
  [BY Format-Position,..] ;

Send-Anweisung ::=
 SEND [{Ausdruck | Ausschnitt} ,..] TO Name§Dation
  [BY Format-Position,..] ;

Die Datenstation muß das Klassenattribut BASIC besitzen. Ansonsten gelten sinngemäß die Aussagen von 7.5.

TEIL III:

ZUSÄTZLICHE MÖGLICHKEITEN

1. STRUKTUREN

Bereiche erlauben die Zusammenfassung skalarer Variablen des gleichen Typs unter einem Bezeichner; die einzelnen Variablen werden mit diesem Bezeichner und ihrem Index angesprochen.

Bei vielen Automationsaufgaben, insbesondere bei solchen mit dispositivem Charakter, müssen jedoch Datenstrukturen beschrieben werden, deren Komponenten unterschiedlichen Typ besitzen.

Beispiel:

Die Beiträge für die Fernseh-Nachrichtensendungen eines Tages sind auf Magnetaufzeichnungsgeräten (MAZ) gespeichert; die Beitragsfolge einer bestimmten Nachrichtensendung dieses Tages wird von Redakteuren mit Hilfe eines Rechners zusammengestellt, der die entsprechenden MAZ steuert. Dazu ist für jeden Beitrag ein Datensatz nötig, der z. B. folgende Struktur besitzt:

- Identitätskennzeichen des Beitrages
- Archivnummer
- Hinweise, ob der Beitrag bereits in der ersten, zweiten oder dritten Nachrichtensendung dieses Tages gesendet wurde
- Anfangsposition des Beitrags auf dem Band
- Endeposition des Beitrags auf dem Band
- Kennzeichen, ob Originalton vorhanden ist
- Länge des gegebenenfalls zu sprechenden Textes
- Ein gegebenenfalls zu sprechender Text

Solche Datenstrukturen lassen sich problemorientiert als Struktur beschreiben; die obige Struktur "Beitrag" wird beispielsweise wie folgt vereinbart:

```
DCL  BEITRAG STRUCT
     [ ( IDENTNR, ARCHIV) FIXED,
       SCHONGESENDET (3) BIT (1),
       (ANFANG, ENDE) FIXED,
       ORIGINALTON BIT (1),
       TEXTLAENGE FIXED,
       TEXT CHAR (200)  ] ;
```

(Eine Struktur wird in eckige Klammern eingeschlossen; diese werden hier im Text unterstrichen, um sie von den metasprachlichen Zeichen [und] zu unterscheiden. In der Programmniederschrift werden nur die eckigen Klammern oder ihre Ersatzsymbole (/ und /) benutzt.)

Anders als Bereichselemente werden die Komponenten einer Struktur nicht über den gemeinsamen Bezeichner und einen Index, sondern über den gemeinsamen Bezeichner und ihren in der Vereinbarung angegebenen Bezeichner angesprochen, wobei die beiden Bezeichner durch einen Punkt getrennt werden.

Beispiel:

Durch die Anweisung

```
BEITRAG.ANFANG := 1027;
```

erhält die Komponente ANFANG der Struktur BEITRAG den Wert 1027 zugewiesen.

Wie die Vereinbarung von BEITRAG zeigt, dürfen die Komponenten von Strukturen Bereiche sein; die Bereichselemente werden dann wie gewohnt mit ihrem indizierten Bezeichner angesprochen, dem der Strukturbezeichner vorangestellt ist, etwa in der Form

```
IF BEITRAG.SCHONGESENDET(I) THEN ... FIN;
```

Eine Strukturkomponente kann jedoch auch selbst wieder eine Struktur sein, wodurch nicht nur lineare, sondern auch hierarchische Datenstrukturen nachgebildet werden können.

Beispiel:

Eine Personaldatei enthalte die Beschreibungen von Mitarbeitern; diese Beschreibungen haben jeweils folgende Struktur:

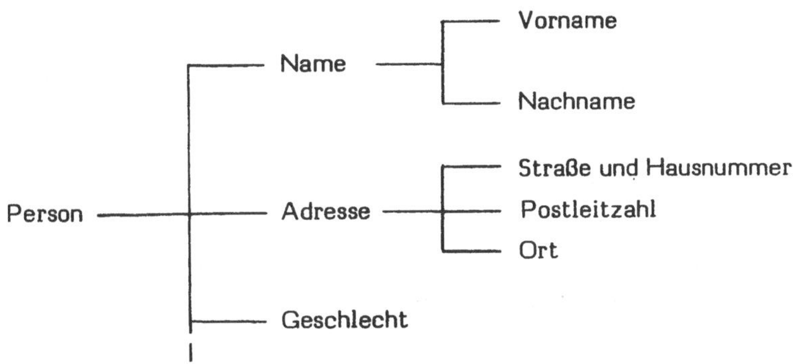

Die Komponenten Name und Adresse sind selbst Strukturen, nämlich Unterstrukturen der Hauptstruktur Person; diese kann so vereinbart werden:

```
DCL PERSON STRUCT
      [ NAME STRUCT
              [ VORNAME  CHAR (10),
                NACHNAME  CHAR (15)
              ],
        ADRESSE STRUCT
              [STR  CHAR (15),
                PLZ  FIXED,
                ORT  CHAR  (15)
              ],
        GESCHLECHT  CHAR (1),
        ...
      ];
...
```

Die Zusammenfassung von Komponenten zu Unterstrukturen ist z. B. im Zusammenhang mit E/A-Anweisungen nützlich; sollen etwa Name und Adresse einer Person auf einem Drucker ausgegeben werden, kann dies so erfolgen (vgl. Teil II, 7.5) :

```
PUT PERSON.NAME, PERSON.ADRESSE TO DRUCKER
    BY A (10), (2) (X(2), A(15)), X(2), F(4), X(1), A(15);
```

Unterstrukturen können also über ihren Bezeichner und den vorangestellten Bezeichnern der übergeordneten Strukturen angesprochen werden.

Der Typ einer Struktur wird durch die Anordnung ihrer Komponenten und deren Typ bestimmt. Strukturen gleichen Typs können zu Bereichen zusammengefaßt werden:

```
DCL BEITRAG(20) STRUCT ...; /* SIEHE OBEN */
```

Allgemein wird deshalb eine beliebige Komponente einer Struktur unter ihrem (gegebenenfalls indizierten) Bezeichner und den (gegebenenfalls indizierten) Bezeichnern aller übergeordneten Strukturen angesprochen, wobei diese Namen jeweils durch einen Punkt getrennt werden.

Beispiel:

```
PERSON.NAME.VORNAME := 'OTTO';
IF BEITRAG(I).SCHONGESENDET(J) THEN ... FIN;
```

In Erweiterung der Definition von Teil II, 5.1, kann nun die Sprachform "Name" allgemein festgelegt werden:

Name ::=

Bezeichner $\{[(\text{Index},^{\cdot\cdot})]\}\ .^{\cdot\cdot}$

Beispiele:

A, A(3), A(I, J, 2*K), A.B, A.B.C, A(3).B.C(I, J)

Die Bezeichner der Komponenten einer Struktur können unabhängig von den Bezeichnern außerhalb der Struktur gewählt werden:

```
DCL PERSON STRUCT ...,  /* SIEHE OBEN */
     ORT  CHAR (15) ;
     ...
PERSON.ADRESSE.ORT := ORT;
```

Die allgemeine Form der Struktur-Deklaration lautet:

```
Struktur-Deklaration ::=
   { DECLARE|DCL }
   { Bezeichner-Angabe§Hauptstruktur  [ Dimensionsattribut ]
   Typ-Struktur  [ Resident-Attribut ] [ Global-Attribut ] } ,¨;

Typ-Struktur ::=
   STRUCT [  { Bezeichner-Angabe§Strukturkomponente
               Typ-Attribut-in-Struktur-Vereinbarung } ,¨ ]

Typ-Attribut-in-Struktur-Vereinbarung ::=
   [ Dimensionsattribut ]
   { einfacher-Typ | strukturierter-Typ | Typ-Referenz }

strukturierter-Typ ::=
   Typ-Struktur | Bezeichner§für-neu-vereinbarten-Typ
```

Typ-Referenz und Bezeichner§für-neu-vereinbarten-Typ werden in den Abschnitten 4 und 3 erläutert. Das Resident-Attribut und Global-Attribut sind in den Abschnitten 9 und 6 beschrieben.

Strukturen können als Prozedurparameter auftreten.

Beispiel:

```
DCL  KOORD  STRUCT
       [XKOORD  BIT(8), YKOORD  BIT(5), ZKOORD  BIT(3) ] ;
...
AUSGABE:  PROC  (GNR  FIXED,   /* GERAETENUMMER */
                     S  STRUCT  [X BIT(8), Y BIT(5), Z BIT(3) ] ) ;
          WRITE  S.X >< S.Y  >< S.Z   TO GERAET  (GNR);
          END;
...
CALL AUSGABE  (I, KOORD) ;
```

2. ANSPRACHE VON BIT- UND ZEICHENKETTEN

Das i-te Bit einer Bitkette kann mittels des standardmäßigen Namens BIT(i) angesprochen werden, der - durch einen Punkt getrennt - hinter dem Namen der Bitkette angegeben wird. Eine Bitkette B der Länge lg wird also als Struktur B aufgefaßt, die als einzige Komponente einen eindimensionalen Bereich BIT der Länge lg besitzt, dessen Elemente vom Typ BIT(1) sind.

Analog hierzu kann das i-te Zeichen einer Zeichenkette Z mit Z.CHAR(i) oder Z.CHARACTER(i) angesprochen werden.

Dabei werden die Bits oder Zeichen einer Bit- oder Zeichenkette von links nach rechts numeriert.

Beispiel:

```
...
DCL  BYTE  BIT(8),  B  BIT(1),
   I  FIXED ;
BYTE := '11101111'B ;
B := BYTE.BIT(4) ;  /*  B ERHAELT DEN WERT '0'B  */
BYTE.BIT(2) := '0'B ;  /*  BYTE HAT DEN WERT '10101111'B  */
I := 8 ;
BYTE.BIT(I) := B ;  /*  BYTE HAT DEN WERT '10101110'B  */
```

Darüber hinaus können mehrere Bits oder Zeichen umfassende Ausschnitte von Bit- oder Zeichenketten in analoger Art und Weise angesprochen werden; die allgemeine Form der Ansprache ist:

Kettenausschnitt ::=

$$\text{Name§Kette} \,.\, \left\{ \begin{array}{l} \text{BIT} \\ \text{CHAR} \\ \text{CHARACTER} \end{array} \right\} \left(\left\{ \begin{array}{l} \text{pgz} \; [\text{:pgz}] \\ \text{Bezeichner} \; [\text{ : Bezeichner + pgz }] \end{array} \right\} \right)$$

Die Bezeichner müssen übereinstimmen und eine Variable für ganze Zahlen bezeichnen.

Beispiel:

Ein Regalförderzeug sei über 16 aufeinanderfolgende Stellen an einen Digitaleingang angeschlossen. Die Bedeutung der Anschlußstellen sei wie folgt:

Anschluß	1 - 8	:	X-Koordinate
Anschluß	9 - 12	:	Y-Koordinate
Anschluß	13	:	Z-Koordinate
Anschluß	14 - 16	:	weitere Parameter

Nach erfolgter Positionierung soll die Ist-Position abgefragt und überprüft werden.

```
MODULE ;
SYSTEM ;
   RFZ : DIGE(1)*(1:16) <-;
   ...
PROBLEM ;
   SPC  RFZ  DATION  IN  BIT(16);
   ...
   STEUERUNG :  TASK ;
      DCL  RFZZUSTAND  BIT(16),
      XKOORD  BIT(8),  YKOORD  BIT(4),  ZKOORD  BIT(1);
      ...
        Positionierung
      READ  RFZZUSTAND  FROM RFZ ;
      XKOORD := RFZZUSTAND.BIT(1:8) ;
      YKOORD := RFZZUSTAND.BIT(9:12) ;
      ZKOORD := RFZZUSTAND.BIT(13) ;
        Überprüfung der Ist-Position
      ...
   END ;
   ...
```

Dieses Programmstück kann flexibler programmiert werden, indem zusätzlich die Anfangspositionen der Teilketten XKOORD, YKOORD und ZKOORD in Variablen ANFX, ANFY, ANFZ festgehalten werden. Die im folgenden benutzten (nicht unbedingt nötigen) Attribute INV für den Zuweisungsschutz und INIT für Initialisierung sind in den Abschnitten 8 und 7 beschrieben.

```
STEUERUNG: TASK ;
    ...
    DCL (ANFX, ANFY, ANFZ) INV FIXED INIT (1,9,13) ;
    ...
    XKOORD := RFZZUSTAND.BIT (ANFX : ANFX + 7) ;
    YKOORD := RFZZUSTAND.BIT (ANFY : ANFY + 3) ;
    ZKOORD := RFZZUSTAND.BIT (ANFZ) ;
    ...
END ;
```

Es sind auch Zuweisungen an Kettenausschnitte möglich; außerdem dürfen sie als Operanden in Ausdrücken auftreten.

3. VEREINBARUNG NEUER DATENTYPEN

Eine bestimmte Struktur kann beispielsweise als Parameter oder als Unterstruktur in anderen Strukturen oder als Typ der Übertragungsdaten einer Datenstation auftreten. Dabei muß jedesmal der Typ dieser Struktur angegeben werden, was bei komplexen Strukturen umfangreichen Schreibaufwand erfordern kann. Deshalb und zur Erhöhung der Lesbarkeit des Programms kann der Typ einer Struktur unter einem frei wählbaren Bezeichner als neuer Datentyp vereinbart und unter diesem Bezeichner z. B. dazu benutzt werden, Variablen dieses Datentyps zu vereinbaren.

Beispiel:

```
PROBLEM;
    ...
    TYPE NACHRICHT STRUCT
        [ (IDENTNR, ARCHIV) FIXED,
          SCHONGESENDET (3) BIT (1),
          (ANFANG, ENDE) FIXED,
          ORIGINALTON BIT (1),
          TEXTLAENGE FIXED,
          TEXT CHAR (200) ] ;
    DCL INHALTMAZ DATION INOUT NACHRICHT ...;
    KOORD: TASK;
            DCL BEITRAG NACHRICHT;
            ...
            READ BEITRAG FROM INHALT MAZ;
            ...
            END;
    ...
```

Weitere Beispiele für neu vereinbarte Datentypen sind im Zusammenhang mit Referenz-Variablen (vgl. 4.) beschrieben.

Allgemein wird ein neuer Datentyp wie folgt vereinbart:

Typ-Vereinbarung ::=
TYPE Bezeichner§für-Typ Typ-Struktur ;

Die Vereinbarung eines neuen Datentyps muß vor seiner Benutzung erfolgen. Im übrigen können auf Modulebene vereinbarte Datentypen in allen Tasks und Prozeduren des Moduls benutzt werden; die Benutzbarkeit lokal vereinbarter Datentypen richtet sich nach den Regeln der Blockstruktur (vgl. 5.). Im Gegensatz zu globalen Größen (vgl. 6.) können neu vereinbarte Datentypen nur in dem Modul benutzt werden, in dem sie vereinbart sind.

4. INDIREKTE ADRESSIERUNG MIT REFERENZ-VARIABLEN

Für die indirekte Adressierung stehen in PEARL sogenannte Referenz-Variablen (Zeigervariablen, Pointer) zur Verfügung. Im Gegensatz zu den bisher eingeführten Variablen haben Referenz-Variablen nicht Problem- oder Steuerdaten als Werte, sondern die Namen von Variablen (sie zeigen auf Variablen). Analog zu den bisher eingeführten Variablen ist dabei der Wertebereich einer Referenz-Variablen auf einen Typ von Variablen beschränkt, der bei der Vereinbarung der Referenz-Variablen angegeben wird.

Auf den Wert einer Referenzvariablen, die referierte Variable, bezieht man sich mittels des monadischen Operators CONT (von "content"); dieser Vorgang wird "Dereferenzierung" genannt.

Beispiele:

```
DCL  (K,L) FIXED, X  FLOAT,
         (RK1,RK2)  REF  FIXED, /* FIXED-REFERENZ-VAR.*/
          RX  REF  FLOAT;         /* FLOAT-REFERENZ-VAR.*/
RK1 := K ;             /* RK1 ZEIGT AUF K */
RK1 := L ;             /* RK1 ZEIGT AUF L */
RK2 := RK1 ;           /* RK2 ZEIGT AUF L */
RX  := X ;             /* RX ZEIGT AUF X */
RX  := K ;             /* FALSCH , TYP UNGLEICH */
RX  := RK1 ;           /* FALSCH , TYP UNGLEICH */
L   := 2 ;
K   := CONT RK1 ; /* K ERHAELT DEN WERT 2 */
RK2 := 3 ;             /* FALSCH , 3 IST KEINE VAR. */
CONT RK2 := 3 ;         /* L ERHAELT DEN WERT 3 */
CONT RK2 := K ;         /* L ERHAELT DEN WERT 2 */
```

Anstelle von K := CONT RK1 kann auch einfacher K := RK1 geschrieben werden, d.h. der Operator CONT darf auf der rechten Seite einer Zuweisung weggelassen werden ("implizite Dereferenzierung").

Allgemein gilt:

Referenz-Deklaration ::=

{ DECLARE | DCL } Bezeichner-Angabe
[Dimensionsattribut] Typ-Referenz
[Resident-Attribut] [Global-Attribut] ;

Typ-Referenz ::=

REF [virt-Dimensionsliste]
{ einfacher-Typ | strukturierter-Typ | LABEL | Typ-Dation | SEMA |
BOLT | INTERRUPT | IRPT | SIGNAL }

Dereferenzierung ::=

CONT Name§Referenz-Variable

Die Definition der Sprachform Typ-Referenz zeigt, welchen Typ eine Variable haben darf, auf die eine Referenz-Variable zeigen soll. Insbesondere dürfen Referenz-Variablen also nicht auf Referenz-Variablen zeigen, wohl aber auf Bereiche und Strukturen, die auch Referenz-Variablen als Elemente und Komponenten besitzen. Dies kann beispielsweise dazu benutzt werden, Strukturen miteinander zu verketten oder allgemein Listen aufzubauen.

Beispiel:

Eine Task steuert bestimmte Geräte; die Steuerungsaufträge erhält sie von einer anderen Task. Weil zeitweise mehr als ein Auftrag vorliegen kann und die Aufträge unterschiedliche Dringlichkeit haben können, werden sie in Form einer Warteschlange gepuffert. Die Struktur der Aufträge sei vom (neu vereinbarten) Typ AUFTRAGSTYP; dieser enthalte auch das Dringlichkeitskriterium, nach dem neue Aufträge eingeordnet werden. Die Referenz-Variablen NEXTAUFTRAG bzw. FREI zeigen auf den nächsten zu bearbeitenden Auftrag bzw. den nächsten freien Platz in der Warteschlange AUFTRAGSKETTE; ausgehend von FREI seien die freien Plätze ebenfalls verkettet. Die Warteschlange sei höchstens 10 Elemente lang.

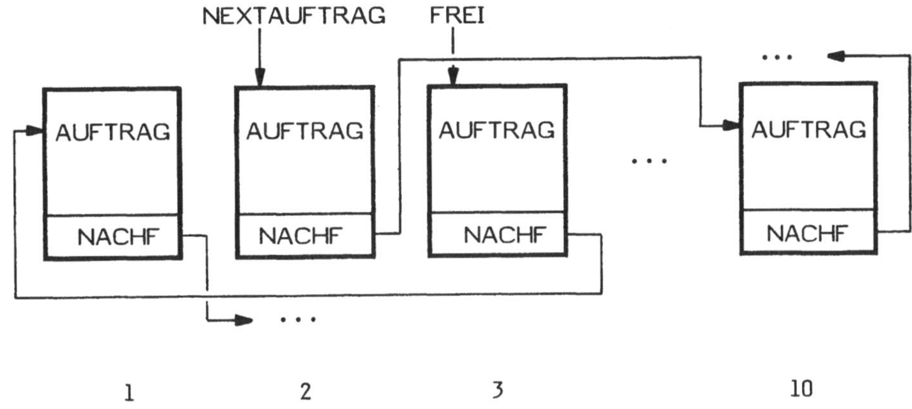

AUFTRAGSKETTE kann folgendermaßen vereinbart werden:

```
...
TYPE KETTENELEMENT STRUCT
     [ AUFTRAG AUFTRAGSTYP,
       NACHF REF KETTENELEMENT ] ;
DCL AUFTRAGSKETTE (10) KETTENELEMENT,
     (NEXTAUFTRAG, FREI) REF KETTENELEMENT;
...
```

Nach erfolgter Initialisierung und dem Einordnen verschiedener Aufträge kann ein fertig bearbeiteter Auftrag wie folgt aus der Warteschlange entfernt werden (HILF sei dabei eine Variable vom Typ REF KETTENELEMENT).

```
...
HILF := NEXTAUFTRAG;
NEXTAUFTRAG := NEXTAUFTRAG.NACHF;
HILF.NACHF :- FREI;
FREI := HILF;
...
```

Diese Anweisungen sind weitere Beispiele für implizites Dereferenzieren:

Zeigt eine Referenz-Variable R auf einen Bereich B mit den Elementen B (i, j, k, ...) oder auf eine Struktur S mit den Komponenten S.Ki, so werden (ausgehend von R) die Elemente von B oder die Komponenten von S ohne Benutzung von CONT mit R (i, j, k, ...) oder R.Ki angesprochen.

Eine Referenz-Variable wird außerdem implizit dereferenziert,

- wenn sie aktueller Parameter eines Prozeduraufrufs ist und der zugehörige formale Parameter keine Referenz-Variable ist,
- wenn sie als Operand eines dyadischen Operators benutzt wird, sofern dieser nicht gerade für Werte von Referenz-Variablen definiert ist wie IS (siehe unten).

Beispiel:

```
...
DCL  RK  REF  FIXED , K  FIXED ;
RK := K ;  K := 2 ;
K := RK + 1 ;  /* AEQUIVALENT  K := K + 1 ; */
```

Um beispielsweise das Ende einer Kette zu kennzeichnen, steht eine Referenz-Variable NIL (Nullzeiger) zur Verfügung, die einen bestimmten, konstanten Wert besitzt. Die oben erwähnte Auftragskette kann damit so initialisiert werden:

```
FOR I TO 9
   REPEAT;
      AUFTRAGSKETTE (I).NACHF := AUFTRAGSKETTE (I + 1);
   END;
AUFTRAGSKETTE (10).NACHF := NIL;
```

Zum Vergleich der Werte von Referenz-Variablen können die dyadischen Operatoren IS oder ISNT benutzt werden; IS (ISNT) liefert das Ergebnis '1'B ('0'B), wenn die beiden angegebenen Referenz-Variablen denselben (verschiedene) Wert(e) besitzen, andernfalls das Ergebnis '0'B ('1'B).

Beispiel:

```
IF  NEXTAUFTRAG  IS  NIL  THEN  ...  FIN;
```

5. BLOCKSTRUKTUR, GÜLTIGKEIT VON OBJEKTEN

Blöcke werden dazu benutzt, Task- oder Prozedurkörper zu strukturieren und den Gültigkeitsbereich und die Lebensdauer von PEARL-Objekten (Daten, Prozeduren etc.) zu beeinflussen. Ein Block ist eine Zusammenfassung von Vereinbarungen und Anweisungen:

```
Block ::=
    BEGIN [ ; ]  [ Vereinbarung ]... [ Anweisung ]... END;
```

Blöcke gelten als Anweisungen und dürfen deshalb nur innerhalb von Tasks und Prozeduren auftreten, dort allerdings auch ineinander geschachtelt. Der Eintritt in einen Block erfolgt mit der Ausführung von BEGIN; verlassen wird ein Block durch die Ausführung des zugehörigen END oder durch eine Verzweigung zu einer Anweisung außerhalb des Blockes. Sprünge in einen Block hinein sind nicht erlaubt.

Den in einem Block vereinbarten ("lokalen") Objekten wird erst bei Eintritt in den Block Speicherplatz zugewiesen; dieser wird bei Verlassen des Blockes wieder aufgegeben. Wie Tasks, Prozeduren und Wiederholungen können Blöcke also Objekte dynamisch einführen und entfernen und bieten somit die Möglichkeit, den zur Verfügung stehenden Speicherplatz mehrfach zu nutzen.

Deshalb müssen einige Regeln für die Lebensdauer und den Gültigkeitsbereich dieser Objekte getroffen werden:

Die Lebensdauer eines Objekts ist die (Ausführungs-) Zeit zwischen der Ausführung seiner Deklaration und der Ausführung des Endes des Blockes (oder der Wiederholung oder der Prozedur oder der Task oder des Moduls), in dem (oder der) die Deklaration erfolgt.

Beispiel:

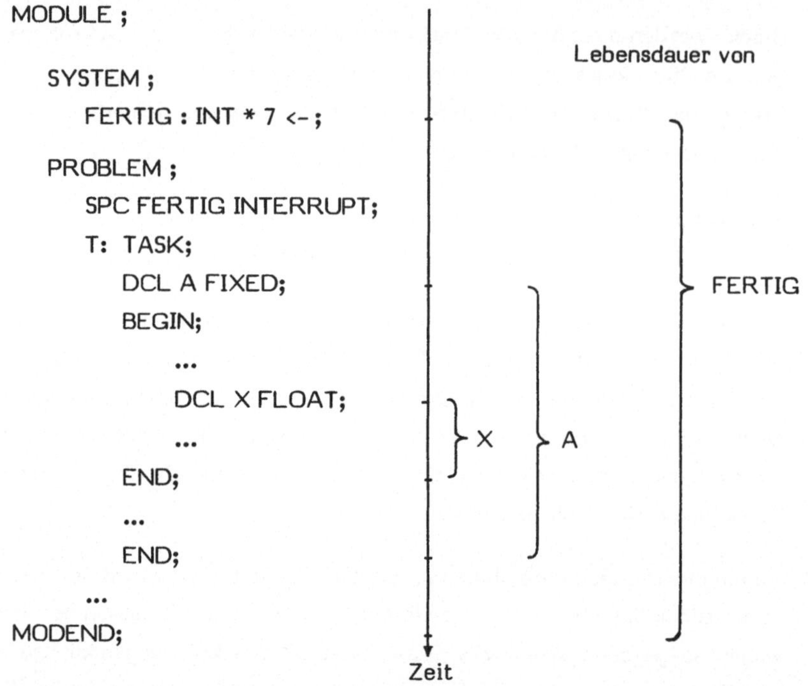

Als Gültigkeitsbereich eines Objekts werden alle Teile des Programms bezeichnet, in denen das Objekt benutzt werden kann. Folgende Regeln sind zu beachten:

- Ein auf Modulebene vereinbartes Objekt ist auf Modulebene und in allen Tasks und Prozeduren dieses Moduls benutzbar (siehe jedoch 6.), auch in allen eingeschachtelten Prozeduren, Blöcken und Wiederholungen mit folgender Ausnahme: Der Gültigkeitsbereich wird eingeschränkt, wenn in einer der Tasks oder Prozeduren ein anderes Objekt unter demselben Namen vereinbart wird.

- Ein in einer Task, Prozedur, Wiederholung oder einem Block vereinbartes Objekt ist in dieser Task, Prozedur, Wiederholung oder diesem Block und allen darin eingeschachtelten Prozeduren, Wiederholungen und Blöcken benutzbar mit folgender Ausnahme: Der Gültigkeitsbereich wird eingeschränkt, wenn in einer der eingeschachtelten Prozeduren, Wiederholungen oder Blöcke ein anderes Objekt unter demselben Namen vereinbart wird.

Beispiel:

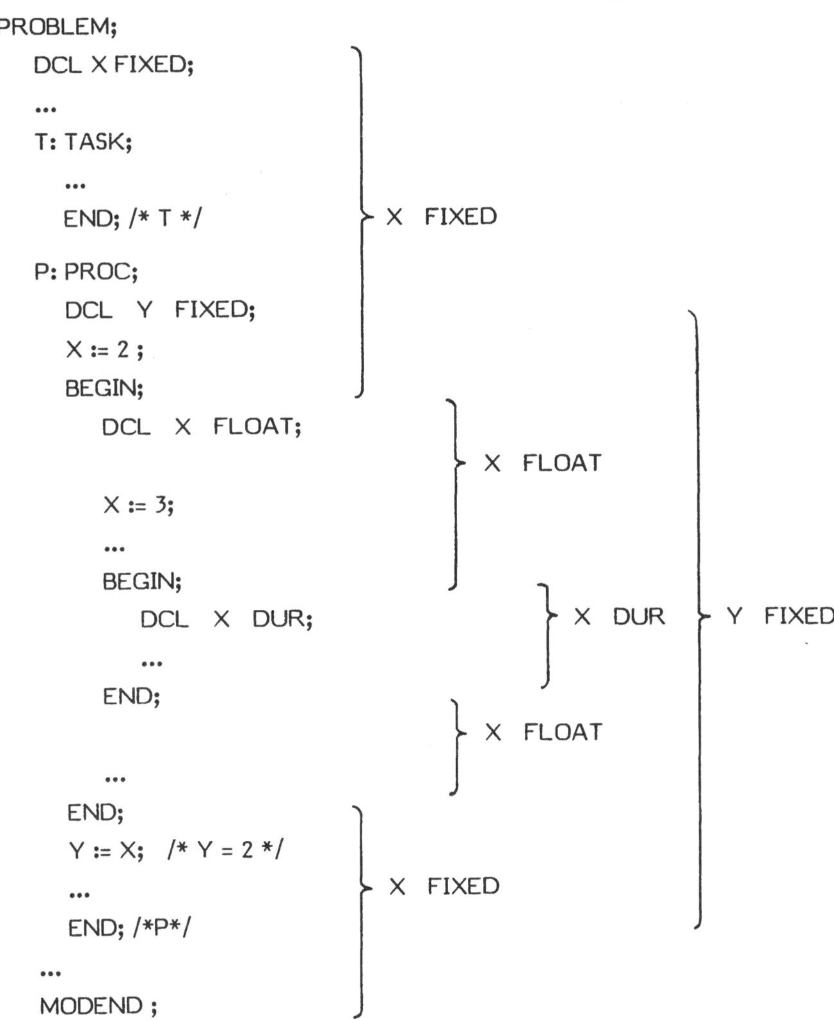

6. BEZÜGE ZWISCHEN MODULN

Besteht ein PEARL-Programm aus mehreren Moduln, kann es erforderlich sein, in einem Modul vereinbarte und dort Speicherplatz belegende Objekte (Daten, Prozeduren etc.) auch in anderen Moduln zu benutzen. Hierfür werden diese (globalen) Objekte in dem Modul, in dem sie Speicherplatz belegen sollen, auf Modulebene mit dem Global-Attribut deklariert und in den anderen Moduln mit dem Global-Attribut auf Modulebene spezifiziert. Auf diese Art und Weise kann also der Gültigkeitsbereich von Objekten, die auf Modulebene deklariert sind, erweitert werden.

Beispiel:

MODULE;	MODULE;
PROBLEM;	PROBLEM;
...	...
DCL X FIXED GLOBAL;	SPC X FIXED GLOBAL;
X := 2 ;	X := 3 ;
...	...
MODEND;	MODEND;

Alle im Systemteil eines bestimmten Moduls aufgeführten Datenstationen, Interrupts und Signale gelten als implizit mit dem Global-Attribut deklariert. Deshalb werden sie in den Problemteilen des Programms nur noch spezifiziert; dabei kann das Global-Attribut in dem Problemteil des bestimmten Moduls entfallen.

Der gegebenenfalls angegebene Bezeichner eines Moduls (vgl. Teil II, 1.) erweitert implizit die Namen der Objekte des Moduls. Dies erlaubt, verschiedene globale Objekte in verschiedenen Moduln unter dem gleichen Namen zu deklarieren; in den benutzenden Moduln entscheidet man sich in der Spezifikation mittels des Modul-Bezeichners für eines der Objekte.

Beispiel:

```
MODULE (M1);
SYSTEM;
   FERTIG (1:10) :  INT * (2:11) <- ;
PROBLEM;
   SPC  FERTIG ( )  INTERRUPT;
   DCL  X  FIXED  GLOBAL;
   ...
MODEND;
```

```
MODULE (M2);
PROBLEM;
    DCL  X  FIXED  GLOBAL;
   ...
  MODEND;
```

```
MODULE;
PROBLEM;
   SPC  FERTIG ( )  INTERRUPT  GLOBAL,
      X  FIXED  GLOBAL (M1);  /* X  VON  M1 */
   ...
MODEND;
```

Die allgemeinen Formen des Global-Attributs und der Spezifikation lauten:

Global-Attribut ::=
   GLOBAL [(Bezeichner§eines-Moduls)]

Spezifikation ::=
   { SPECIFY | SPC }
   { Bezeichner-Angabe { Spezifikationsattribut | Prozedur-Benutzungsattribut | Task-Benutzungsattribut } } ,..;

Spezifikationsattribut ::=
   [virt-Dimensionsliste]
   { einfacher-Typ | strukturierter-Typ | Typ-Referenz | SEMA |
    BOLT | INTERRUPT | IRPT | SIGNAL | Typ-Dation }
   [Resident-Attribut] [Global-Attribut]

Prozedur-Benutzungsattribut ::=
ENTRY
[({ [virt-Dimensionsliste] Parametertyp [IDENTICAL | IDENT] } ,··)]
[Resultat-Attribut]
[Resident-Attribut] [Reentrant-Attribut] Global-Attribut

Task-Benutzungsattribut ::=
TASK [Resident-Attribut] Global-Attribut

Beispiel:

```
MODULE;
PROBLEM;
   T : TASK  PRIO  3  GLOBAL;
         Taskkörper
      END;
   P : PROC (A(,) FIXED IDENT)
      GLOBAL;
         Prozedurkörper
      END;
   ...
MODEND;
```

```
MODULE;
PROBLEM;
   SPC  T,  TASK  GLOBAL,
        P  ENTRY  ((,) FIXED IDENT)
          GLOBAL;
   INIT : TASK;
        DCL  TAB(10,20)  FIXED;
        ...
        CALL  P (TAB);
        ...
        ACTIVATE  T;
        ...
        END;
   ...
MODEND;
```

Das Spezifikationsattribut zeigt auch, welche Objekte als global deklariert werden dürfen. Das Global-Attribut darf nur bei solchen Datenstationen, Signalen und Interrupts fehlen, die im Systemteil des gleichen Moduls deklariert sind.

Bei der Spezifikation eines Objekts müssen alle Attribute aus seiner Deklaration mit Ausnahme einer angegebenen Genauigkeit oder Länge übernommen werden. In diesem Ausnahmefall wird für den Bereich des Programms, in dem die Spezifikation gilt, die in der entsprechenden Längenvereinbarung (vgl. 15.) definierte Genauigkeit oder Länge eingesetzt.

Das Resident- und Reentrant-Attribut sind in den Abschnitten 9 und 10 beschrieben.

7. DAS INITIALISIERUNGSATTRIBUT

Das Initialisierungsattribut erlaubt, Variablen für Problemdaten und Marken bei ihrer Deklaration Anfangswerte zuzuweisen. Für Variablen mit dem Attribut INV (siehe 8.) ist dies die einzige Möglichkeit der Wertzuweisung. Das Initialisierungsattribut wird bei der jeweiligen Deklaration als letztes Attribut angegeben.

Initialisierungsattribut ::=
{ INITIAL | INIT } ({ [+|-] Konstante } ,··)

Der Typ der angegebenen Konstanten muß mit dem Typ der deklarierten Variablen gemäß den Regeln für die Zuweisung (vgl. Teil II, 5.2) verträglich sein.

Beispiel:

```
...
DCL  ANZAHLGERAETE  FIXED  INIT(12),
   (UGR, OGR)  FIXED  INIT(2,15);
...
FOR  I  FROM  1  TO  ANZAHLGERAETE
...
```

Hier haben die Variablen ANZAHLGERAETE, UGR und OGR die Werte 12, 2 und 15, d.h. die Elemente einer angegebenen Konstanten-Liste werden in der Reihenfolge der Niederschrift der angegebenen Bezeichner-Liste zugeordnet.

8. ZUWEISUNGSSCHUTZ

Variablen für Problemdaten und Marken können mit dem Attribut INV (von "invariant") deklariert werden, um - abgesehen von der Initialisierung - Zuweisungen an diese Variablen zu verbieten. Das Attribut INV wird unmittelbar vor dem Typ-Attribut angegeben.

Beispiel:

```
...
DCL  PI  INV  FLOAT  INIT (3.141);
        PI := 3 ;  /* ERGIBT FEHLERMELDUNG */
```

Ein einmal für ein Objekt in seiner Deklaration vereinbarter Zuweisungsschutz darf nicht aufgehoben werden; er muß deshalb in Spezifikationen dieses Objekts berücksichtigt werden, aber auch bei Übertragungen als aktueller Prozedurparameter oder bei der Benutzung als Wert von Referenz-Variablen. Andererseits darf auf eine dieser Arten ein bei der Deklaration noch nicht vereinbarter Zuweisungsschutz entstehen.

Beispiel:

```
...
P : PROC ( A (,)  INV  FIXED  IDENT ,  X  FLOAT IDENT ) ;
        Prozedurkörper
    END;

DCL  TAB (10,20)  FIXED,
      PI  INV  FLOAT  INITIAL (3.14 ),
      R1  REF  FLOAT,  R2  REF  INV  FLOAT; ...

CALL P (TAB, PI);      /* FALSCH */
R1  :=  PI;            /* FALSCH */
```

Der Aufruf von P ist falsch, weil der zu PI gehörige formale Parameter X ohne INV vereinbart ist und somit im Körper von P über eine Zuweisung an X eine (verbotene) Wertänderung von PI erfolgen könnte.

Dagegen ist im selben Aufruf die Parameterübertragung von TAB an A korrekt, da lediglich ein bisher noch nicht vereinbarter Zuweisungsschutz für TAB entstanden ist.

Die Zuweisung R1 := PI ist falsch, da andernfalls der Zuweisungsschutz für PI durch (erlaubte) Zuweisungen an CONT R1 aufgehoben werden könnte. Umgekehrt wäre dagegen die Zuweisung R2 := PI auch dann richtig, wenn PI ohne das Attribut INV vereinbart wäre.

9. DAS RESIDENT-ATTRIBUT

Problem- und Steuerdaten können mit dem Attribut RESIDENT vereinbart werden. Dies bedeutet nicht, daß diese Daten ständig im Arbeitsspeicher des Rechners stehen; die Angabe des Attributs ist im wesentlichen eine Forderung an den Übersetzer, den Speicherplatz für die derart markierten Daten so zu organisieren, daß zur Laufzeit des Programms der Zugriff auf diese Daten möglichst schnell erfolgen kann.

Resident-Attribut ::=
RESIDENT

10. DAS REENTRANT-ATTRIBUT

Eine mit dem Reentrant-Attribut deklarierte Prozedur kann reentrant benutzt werden, d. h. sie kann von verschiedenen Tasks simultan ohne explizite Synchronisierung aufgerufen werden, ohne daß dies bei der Ansprache lokaler Prozedur-Objekte zu Konflikten führt.

Reentrant-Attribut ::=
    REENT

11. OPERATOREN

11.1 Operatoren zur Typwandlung

Im allgemeinen müssen bei einer Zuweisung der Typ der links vom Zuweisungszeichen angegebenen Variablen und der Typ des Wertes des zugewiesenen Ausdrucks übereinstimmen (vgl. Teil II, 5.2). Insbesondere dürfen an Variablen für ganze Zahlen nur Werte vom Typ ganze-Zahl zugewiesen werden. Außerdem müssen die Typen der Operanden von dyadischen Operatoren verträglich sein (vgl. Teil II, 5.1.2).

Deshalb stehen einige Operatoren zur Verfügung, die eine gegebenenfalls nötige Wandlung des Typs von Objekten bewirken.

Die folgende Tabelle beschreibt für jeden aufgeführten monadischen Typwandlungsoperator

- welchen Typ der Operand haben darf
- welchen Typ das Ergebnis (der Operation) hat und
- die Bedeutung des Operators.

Dabei steht a für irgendeinen Operanden, e für das Ergebnis, g für die Genauigkeit und lg für die Länge des Operanden und des Ergebnisses.

Syntax	Typ des Operanden a	Typ des Ergebnisses e	Bedeutung
TOFIXED a	CHARACTER (1)	FIXED (15)	e hat als Wert die ganze Zahl, die dem Zeichen laut ASCII-Code zugeordnet ist.
	BIT (lg)	FIXED (g)	e hat als Wert die Interpretation des Bitmusters von a als ganze Zahl mit g = lg.
TOFLOAT a	FIXED (g)	FLOAT (g)	e hat als Wert die a entsprechende Gleitpunktzahl.
TOBIT a	FIXED (g)	BIT (lg)	e hat als Wert die Interpretation des Bitmusters von a als Bitkette mit lg = g.
TOCHAR a	FIXED	CHARACTER (1)	e hat als Wert das Zeichen, das der ganzen Zahl laut ASCII-Code zugeordnet ist.
ENTIER a	FLOAT (g)	FIXED (g)	e = größte ganze Zahl kleiner gleich a.
ROUND a	FLOAT (g)	FIXED (g)	e = nächste ganze Zahl gemäß DIN.

Diese Operatoren haben den Rang 1 (vgl. Teil II, 5.1.3).

Beispiele:

```
DCL  A  FIXED (15),  X  FLOAT (15),  (B,C)  BIT(15);
...
A := ENTIER X/2 ;  /* ENTSPRICHT A := (ENTIER X)/2; */
A := ENTIER (X/2) ;
C := TOBIT A  AND  B;
A := ROUND X + TOFIXED B;
```

Da die Genauigkeit des Ergebnisses einer Addition, Subtraktion, Multiplikation oder Division gleich dem Maximum der Genauigkeiten der beiden Operanden ist (vgl. Teil II, 5.1.2), kann es passieren, daß bei diesen Operationen entstehende Überläufe abgeschnitten werden. Deshalb steht der dyadische Operator FIT zur Verfügung:

Syntax	Typ von a	Typ von b	Typ des Ergebnisses
a FIT b	FIXED (g1)	FIXED (g2)	FIXED (g2)
	FLOAT (g1)	FLOAT (g2)	FLOAT (g2)

Er bewirkt, daß die Genauigkeit des Operanden a in die Genauigkeit des Operanden b gewandelt wird. Er hat den Rang 1.

Beispiel:

```
...
DCL  (A,B)  FIXED (3),  C  FIXED (5);
A := 4;
B := 7;
C := A * B ;                  /* C  ERHAELT  DEN  WERT  4 */
C := A  FIT  C * B  FIT  C ;  /* C  ERHAELT  DEN  WERT  28 */
```

11.2 Weitere Standard-Operatoren

Über die in 11.1 und Teil II, 5.1, dargestellten Operatoren hinaus stehen standardmäßig die monadischen Operatoren ABS, SIGN, LWB und UPB sowie die dyadischen Operatoren LWB und UPB zur Verfügung. Sie werden in den beiden folgenden Tabellen beschrieben, wobei a und b für beliebige Operanden, e für das Ergebnis der Operation und g für die Genauigkeit der Operanden und Ergebnisse stehen.

Alle aufgeführten Operatoren haben den Rang 1.

Weitere monadische Standard-Operatoren:

Syntax	Typ des Operanden a	Typ des Ergebnisses e	Bedeutung
ABS a	FIXED (g) FLOAT (g) DURATION	FIXED (g) FLOAT (g) DURATION	e := |a| (Absolutbetrag von a)
SIGN a	FIXED (g) FLOAT (g) DURATION	FIXED (1)	$e := \begin{cases} +1 \text{ für } a > 0 \\ 0 \text{ für } a = 0 \\ -1 \text{ für } a < 0 \end{cases}$
LWB a	Bereich	FIXED	e := untere Grenze der ersten Dimension von a.
UPB a	Bereich	FIXED	e := obere Grenze der ersten Dimension von a.

Weitere dyadische Standard-Operatoren:

Syntax	Typ des Operanden a	Typ des Operanden b	Typ des Ergebnisses e	Bedeutung
a LWB b	FIXED (g)	Bereich	FIXED	e := untere Grenze der a-ten Dimension von b, wenn diese existiert.
a UPB b	FIXED (g)	Bereich	FIXED	e := obere Grenze der a-ten Dimension von b, wenn diese existiert.

Beispiel:

```
...
P : PROC ( A (,) FIXED IDENT ) ;
   ...
   FOR I FROM LWB A TO UPB A
      REPEAT;
        FOR K FROM 2 LWB A TO 2 UPB A
           REPEAT;
             ...
           END;
      ...
      END;
   ...
   END;
...
DCL TAB1 (10,20) FIXED, TAB2 (30,50) FIXED;
...
CALL P (TAB1);
...
CALL P (TAB2);
...
```

11.3 Vereinbarung neuer Operatoren

Die hier beschriebene Operator-Vereinbarung erlaubt, neue Operatoren mit frei wählbaren Bezeichnern zu definieren oder die Bedeutung der bisher vorgestellten Standard-Operatoren zu erweitern.

```
Operator-Vereinbarung ::=
    OPERATOR Op-Name ([ Op-Parameter,] Op-Parameter)
    Resultat-Attribut ;
    Prozedurkörper
    END;

Op-Name ::=
    Bezeichner | + | - | * | ** | / | // | = | == | /= | <= | >= | < | > | <> | ><

Op-Parameter ::=
    Bezeichner [ virt-Dimensionsliste ]
    Parameter-Typ [ IDENTICAL | IDENT ]
```

Beispiele:

(1) Der Operator // soll für Objekte vom Typ FLOAT (15) erweitert werden.

```
PROBLEM;
    OPERATOR // (A FLOAT(15), B FLOAT(15) ) RETURNS (FIXED(15) );
        RETURN (ENTIER (A/B)) ;
        END;

    DCL (X,Y,Z) FLOAT (15) ,
          (A,B,C) FIXED (15);
    ...
    X := Y//Z;  /* ANWENDUNG DES ERWEITERTEN OPERATORS */
    A := B//C;  /* ANWENDUNG DES STANDARD-OPERATORS */
    ...
```

(2) Es soll ein dyadischer Operator INDEX vereinbart werden, der für ein Objekt vom Typ FIXED (15) (1. Operand) feststellt, welche Position es innerhalb eines eindimensionalen Bereichs (2. Operand) besitzt. Das Ergebnis der Operation soll -9999 sein, falls der erste Operand nicht in dem zweiten Operanden enthalten ist.

```
...
OPERATOR INDEX ( A FIXED (15) IDENT, B ( ) FIXED (15) IDENT)
    RETURNS (FIXED (15) );
    FOR  I FROM LWB B TO UPB B
        REPEAT;
            IF A == B(I)
                THEN RETURN (I);
            FIN;
        END;
    RETURN (-9999);
END;
...
DCL  FELD (10) FIXED (15),
      (A, B, C, POSITION) FIXED (15);
...
POSITION := A INDEX FELD;
IF POSITION  > -9999 THEN ... FIN;
...
```

Das erste Beispiel zeigt, daß mehrere, durchaus auch verschiedene, Operationen unter dem gleichen Operatornamen vereinbart werden können, sofern die Operanden nicht jeweils dieselben Typen besitzen. Bei der Berechnung eines Ausdrucks, in dem der Operatorname auftritt, wird unter den entsprechenden Operationen diejenige ausgeführt, deren Parameter-Typen identisch mit den Typen der im Ausdruck angegebenen Operanden sind.

Dient eine Operator-Vereinbarung zur Erweiterung der Bedeutung eines Standard-Operators, so hat der neu vereinbarte Operator den Rang des Standard-Operators. Für einen Operator, der mit einem neuen, nicht standardmäßig eingeführten Operatornamen vereinbart wird, kann mittels einer Rang-Vereinbarung ein Rang zwischen 1 und 7 festgelegt werden:

```
Rang-Vereinbarung ::=
   PRECEDENCE  Op-Name  ({1 | 2 | 3 | 4 | 5 | 6 | 7 });
```

Soll für einen neuen Operator ein Rang vereinbart werden, muß dies vor der Operator-Vereinbarung erfolgen; ist keine Rang-Vereinbarung angegeben, erhält der neue Operator den Rang 7.

Beispiel:

```
...
PRECEDENCE  INDEX  (1);
OPERATOR  INDEX  ...;
```

12. INTERRUPT-ANWEISUNGEN

Beispielsweise bei Störungen im technischen Prozeß will man die Wirkung eines Interrupts unterdrücken, d. h. sich auf ihn beziehende Startbedingungen für Task-Anweisungen sollen bei Eintritt des Interrupts ungültig bleiben. Zu diesem Zweck ist die Disable-Anweisung auszuführen, die ihrerseits durch Ausführung der Enable-Anweisung aufgehoben wird.

```
Disable-Anweisung ::=
    DISABLE  Name§Interrupt ;

Enable-Anweisung ::=
    ENABLE  Name§Interrupt ;
```

Der Gültigkeitsbereich der Disable-Anweisung beginnt beim Überlaufen der Anweisung und endet mit der Ausführung einer Enable-Anweisung.

Beispiel:

```
MODULE ;
SYSTEM ;
    ALARM  :  INT * 8  <- ;
    ...
PROBLEM ;
    SPC  ALARM  INTERRUPT ;
    ...
    INIT  :  TASK ;
            WHEN  ALARM  ACTIVATE  STOERDIENST ;
            ...
            END ;
    STOERDIENST  :  TASK  PRIO  1 ;
            DISABLE  ALARM ;
                Untersuchung der Ursache
                Reaktion einleiten
            ENABLE  ALARM ;
            END ;
    ...
    MODEND ;
```

Der Test von Echtzeit-Programmen erfordert mitunter, die Wirkung von Interrupts zu simulieren, zumal wenn der technische Prozeß noch nicht an den Rechner angeschlossen ist. Für solche Simulationen steht die Trigger-Anweisung zur Verfügung:

```
Trigger-Anweisung :=
   TRIGGER Name§Interrupt ;
```

Beispiel:

```
MODULE ;
SYSTEM ;
   FERTIG : INT * 2 ;
    ...
PROBLEM ;
   ...

   WHEN FERTIG

      ACTIVATE STEUERUNG ;

   ...
MODEND ;
```

```
MODULE (TEST) ;
PROBLEM ;
   SPC (FERTIG , ... )
         INTERRUPT GLOBAL ;
   ...
         z.B. zu zufälligen
         Zeiten:

   TRIGGER FERTIG ;

   ...

MODEND ;
```

Bei diskreten Prozessen tritt häufig das Problem auf, daß dieselbe Task durch den Eintritt mehrerer gleichartiger Interrupts gestartet werden soll; beispielsweise soll eine Task STEUERUNG auf die Positionsmeldungen MAZFERTIG i von n Magnet-Aufzeichnungsgeräten MAZ i reagieren, die durch eine andere, koordinierende Task positioniert werden. Damit STEUERUNG auf das richtige MAZ reagiert, muß diese Task in der Lage sein, den eingetretenen Interrupt, ihren "Auftraggeber", identifizieren zu können.

Für diese Aufgabe kann die parameterlose Standard-Funktionsprozedur ORIGIN benutzt werden; sie hat als Resultat den Index des Interrupts in einem Bereich von Interrupts, der den Start der Task ausgelöst hat.

Beispiel:

```
MODULE ;
SYSTEM ;
   MAZFERTIG ( 1 : 8 ) : INT * ( 1 : 8 ) <- ;
   ...
PROBLEM ;
   SPC MAZFERTIG ( ) INTERRUPT ;
   INIT : TASK ;
         WHEN MAZFERTIG ACTIVATE STEUERUNG ;
         ...
         END ;
   STEUERUNG: TASK ;
         DCL I  FIXED (15) ;
         I := ORIGIN ;
               Steuerung von MAZ (I)
         ...
         END ;
   ...
MODEND ;
```

13. SIGNALE

Über Interrupts (externe Ereignisse) hinaus können bei der Ausführung bestimmter Anweisungen interne Ereignisse, sogenannte Signale, eintreten, die zu einer Unterbrechung der ausführenden Task führen; solche Signale sind beispielsweise ein Überlauf bei einer arithmetischen Operation, eine Division durch Null oder das Erreichen des Endes einer Datenstation ("end-of-file").

Die möglichen Signale sind in dem jeweiligen Implementationshandbuch unter Angabe ihrer Systemnamen und Bedeutung beschrieben. Die für ein Programm benötigten Signale werden wie Interrupts im Systemteil deklariert, wobei ihnen frei wählbare Benutzernamen zugeordnet werden können. Außerdem müssen sie (möglichst unter ihrem Benutzernamen) im Problemteil auf Modulebene spezifiziert werden.

Beispiel:

```
MODULE ;
   SYSTEM ;
      OVERFLOW : UEBL ;      /* UEBL  UND  ENDF  */
      EOF : ENDF ;           /* SEIEN SYSTEMNAMEN  */
      ...
   PROBLEM ;
      SPC  (OVERFLOW, EOF) SIGNAL ;
      ...
MODEND ;
```

Die allgemeine Form der Spezifikation von Signalen lautet:

```
Signal-Spezifikation ::=
     {SPECIFY | SPC} Bezeichner-Angabe [()] SIGNAL
     [Global-Attribut] ;
```

Demnach sind auch eindimensionale Bereiche von Signalen möglich.

Die für den Eintritt eines Signals vorgesehene Reaktion wird mit der folgenden Anweisung eingeplant:

Einplanung-Signal-Reaktion ::=
ON Name§Signal , •• : { unmarkierte-Anweisung | ; }

Anstelle von unmarkierte-Anweisung sind alle Anweisungen außer der Anweisung Einplanung-Signal-Reaktion zugelassen, insbesondere also auch Blöcke oder Prozeduraufrufe.

Bei Eintritt eines der in der Einplanung angegebenen Signale führt die Task die eingeplante Reaktion aus und fährt anschließend (wie nach einem Prozeduraufruf) an der Unterbrechungsstelle fort, sofern die eingeplante Reaktion nicht zu einer Verzweigung an eine andere Programmstelle führt (etwa durch eine Sprunganweisung oder die Anweisung Task-Beenden).

Eine solche Einplanung gilt nur für die Task, Prozedur, Wiederholung oder den Block, in der oder dem die Einplanung angegeben ist - dort allerdings auch für alle eingeschachtelten Prozeduren, Wiederholungen und Blöcke, sofern in diesen nicht andere Einplanungen für dasselbe Signal vorgesehen werden.

Zum Test der für ein Signal eingeplanten Reaktion kann der Eintritt eines Signals analog zum Eintritt eines Interrupts simuliert werden:

Induce-Anweisung ::=
INDUCE Name§Signal ;

Beispiel:

Die Task AUSWERTUNG soll ein im Laufe eines Tages erstelltes Logbuch sequentiell auswerten; die einzelnen Datenelemente des Logbuches seien vom Typ EREIGNIS.

```
...
PROBLEM ;
   SPC EOF SIGNAL ,
       BAND DATION INOUT ALL ;
   TYPE EREIGNIS ... ;
   DCL LOGBUCH DATION IN EREIGNIS (*) FORWARD
       CREATED (BAND) ;
AUSWERTUNG : TASK ;
       DCL EINGABE EREIGNIS ;
       ...
       OPEN LOGBUCH ;
       ON EOF : GOTO ENDE ;
       ...
       READ EINGABE FROM LOGBUCH ;
       ...
       ENDE : CLOSE LOGBUCH ;
       END ;
```

Zum Testen könnte man sporadisch anstelle der Read-Anweisung die Anweisung

```
INDUCE EOF ;
```

ausführen.

14. ZUSÄTZLICHE EIN- UND AUSGABEMÖGLICHKEITEN

Bei der Deklaration oder Spezifikation einer Datenstation muß ein Klassenattribut angegeben werden, das den Typ der zu übertragenden Datenelemente bestimmt. Im Teil II, Abschnitt 7.2, sind die zulässigen einfachen Typen beschrieben; die zusammengesetzten Typen werden im folgenden erläutert.

```
zusammengesetzter-Typ ::=
   EA-Struktur | Bezeichner§für-neuen-Typ-aus-einfachen-Typen |
   ONEOF ( { einfacher-Typ | zusammengesetzter-Typ }, ·· )

EA-Struktur ::=
   STRUCT [ EA-Strukturkomponente , ·· ]

EA-Strukturkomponente ::=
   Bezeichner-Angabe
   { einfacher-Typ | EA-Struktur |
     Bezeichner§für-neuen-Typ-aus-einfachen-Typen }
```

Der Typ der Übertragungsdaten darf also auch eine mehrfach strukturierte Struktur oder ein neu vereinbarter Typ sein, wobei jedoch keine Komponente vom Typ Referenz oder ein Bereich sein darf.

Die Angabe ONEOF (Liste) bedeutet, daß der Typ der Übertragungsdaten gleich einem der in der Liste angegebenen Typen sein darf.

Beispiel:

```
...
TYPE ARTSTRUKTUR STRUCT
       [ (NR, ANZAHL) FIXED,
           GEWICHT FLOAT, ... ];
DCL  ARTDATEI DATION INOUT ARTSTRUKTUR ...,
     TAB DATION INOUT ONEOF (FIXED, FLOAT) ...;
```

Im Abschnitt 7.1 von Teil II wurden die grundlegenden Sprachformen des Systemteils dargestellt; hier werden nun alle Möglichkeiten der Beschreibung eines Systemteils zusammengefaßt:

```
Systemteil ::=
    SYSTEM ; [ Verbindung ... ]

Verbindung ::=
                  ⎧ ⎧ ->  ⎫                       ⎫
                  ⎪ ⎨ <-  ⎬     [ Anschluß + .. ] ⎪
    Anschluß [    ⎨ ⎩ <-> ⎭                       ⎬ ] ;
                  ⎩   + Anschluß +..              ⎭

Anschluß ::=
    [Benutzername : ]... [Systemname ]
           ⎧ Bezeichner§Anschlußstelle                  ⎫
    [    * ⎨ nngz§Anschlußnummer                        ⎬ [ , nngz§Anzahl ] ]
           ⎩ (nngz : nngz  [ /nngz§Schrittweite ] )     ⎭

Benutzername ::=
    Bezeichner [ (nngz§untere-Grenze : nngz§obere-Grenze) ]

nngz ::=
    ganze-Zahl-ohne-Genauigkeit§nicht-negativ

Systemname ::=
    Bezeichner [ (nngz§untere-Grenze [ : nngz§obere-Grenze ] ) ]
```

Gegenüber Teil II, 7.1, stehen folgende zusätzliche Möglichkeiten zur Verfügung:

Ein Gerät (z.B. des technischen Prozesses) kann an einer Gruppe von Geräten oder Werken des Rechnersystems angeschlossen sein. Beispielsweise sei ein zu steuerndes Gerät mit dem Benutzernamen GERAET an allen 16 Anschlüssen eines Digitalausgabe-Werks DIGOUT(1) und an den Anschlüssen 2 bis 4 eines Digitalausgabe-Werks DIGOUT(2) angeschlossen:

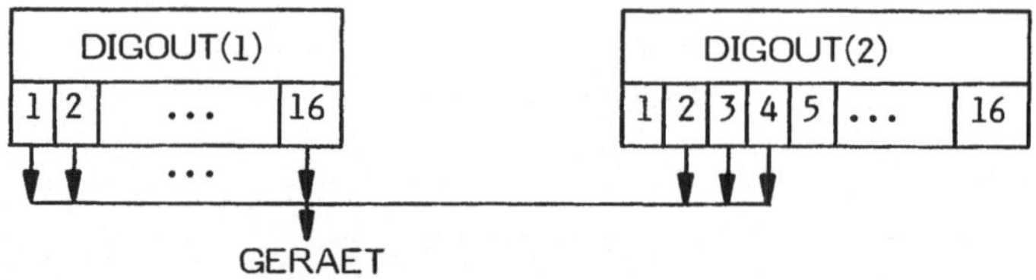

Dies läßt sich in der Form

GERAET : <- DIGOUT(1) * 1,16 + DIGOUT(2) * 2,3 ;

oder so beschreiben:

GERAET : <- DIGOUT(1) * (1 : 16) + DIGOUT(2) * (2 : 4) ;

Die Elemente der Gruppe werden durch das Zeichen + verbunden. Diese Beschreibungsform kann aber auch dazu benutzt werden, nicht aufeinanderfolgende Anschlüsse an ein Werk zu formulieren:

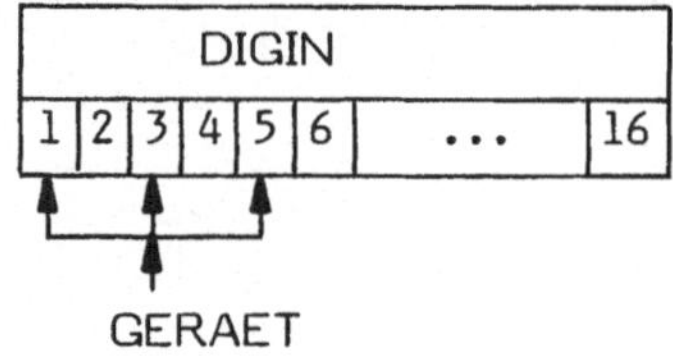

GERAET : DIGIN * 1 + DIGIN * 3 + DIGIN * 5 ;

Wenn, wie in diesem Beispiel, die Schrittweite von Anschluß zu Anschluß gleich ist, können die Anschlüsse einfacher mittels "/nngz§Schrittweite" beschrieben werden:

GERAET : DIGIN * (1 : 5/2) ;

15. DIE LÄNGENVEREINBARUNG

Mit der Längenvereinbarung werden die Genauigkeiten und Längen für solche Zahlen- und Ketten-Objekte definiert, deren Genauigkeiten und Längen nicht durch die Schreibweise (bei Konstanten, vgl. Teil I, 2.2) oder die Deklaration (bei Variablen, vgl. Teil II, 2.1) festgelegt ist.

```
Längenvereinbarung ::=
    LENGTH
   ⎧{FIXED|FLOAT } (Genauigkeit)         ⎫
   ⎩{BIT|CHARACTER|CHAR } (Länge)        ⎭ ;
```

Beispiel:

```
PROBLEM ;
    LENGTH  FIXED(15) ;
    LENGTH  FLOAT(15) ;
    DCL  A  FIXED,          /* A  HAT  DEN  TYP  FIXED(15) */
         X  FLOAT,          /* X  HAT  DEN  TYP  FLOAT(15) */
         Y  FLOAT(31) ;     /* Y  HAT  DEN  TYP  FLOAT(31) */
    ...
```

Eine Längenvereinbarung wird auf Modulebene getroffen; sie gilt für den gesamten Modul.

ANHANG

1. LISTE DER SCHLÜSSELWÖRTER MIT KURZFORMEN

2. DATENTYPEN UND IHRE VERWENDBARKEIT

Die folgende Übersicht zeigt für jeden der zur Verfügung stehenden Datentypen, ob Objekte dieses Typs

- zu Bereichen zusammengefaßt werden
- als Strukturkomponente auftreten
- formaler Prozedurparameter sein
- Ergebnis einer Funktionsprozedur sein
- Wert einer Referenz-Variablen sein
- von und zu Datenstationen übertragen werden
- mit Zuweisungsschutz versehen werden
- global sein oder
- mit dem Initialisierungsattribut versehen werden

dürfen.

Typ	Verwendung Bereich	Struktur	Ref.-Wert	Parameter	Ergebnis	Dation-Inhalt	INV	GLOBAL	INIT
FIXED	x	x	x	x	x	x	x	x	x
FLOAT	x	x	x	x	x	x	x	x	x
BIT	x	x	x	x	x	x	x	x	x
CHAR	x	x	x	x	x	x	x	x	x
CLOCK	x	x	x	x	x	x	x	x	x
DUR	x	x	x	x	x	x	x	x	x
LABEL	x	-	x	x	x	-	x	-	x
SEMA	x	-	x	x	-	-	-	x	-
BOLT	x	-	x	x	-	-	-	x	-
IRPT	x	-	x	x	-	-	-	x	-
SIGNAL	x	-	x	x	-	-	-	x	-
DATION	x	-	x	x	-	-	-	x	-
Bereich	-	x	x	x	-	-	x	x	-
STRUCT	x	x	x	x	-	x	x	x	-
neuer Typ	x	x	x	x	-	x	-	-	-
REF	x	x	-	x	x	-	-	x	-
Prozedur	-	-	-	x	-	-	-	x	-
TASK	-	-	-	-	-	-	-	x	-
FORMAT	-	-	-	-	-	-	-	-	-

Objekte vom Typ SEMA, BOLT, IRPT, SIGNAL, DATION oder Prozedur (ENTRY) dürfen nur mittels Identifizierung (IDENT) als Prozedur-Parameter übergeben werden.

3. SYNTAX

3.1. Grundelemente, Programm

10 Ziffer ::=

0 | 1 | 2 | 3 | 4 | 5 | 6 | 7 | 8 | 9

20 Buchstabe ::=

A|B|C|D|E|F|G|H|I|J|K|L|M|N|O|P|Q|R|S|T|U|V|W|X|Y|Z

30 Bezeichner ::=

Buchstabe [Buchstabe | Ziffer]...

40 Konstante ::=

ganze-Zahl | Gleitpunktzahl |
Bitkettenkonstante | Zeichenkettenkonstante |
Uhrzeitkonstante | Dauerkonstante |
Markenkonstante

50 ganze-Zahl ::=

ganze-Zahl-ohne-Genauigkeit [(Genauigkeit)]

60 ganze-Zahl-ohne-Genauigkeit ::=

{ Ziffer...
{ 0 | 1 }...B }

70 Genauigkeit ::=

ganze-Zahl-ohne Genauigkeit

80 Gleitpunktzahl ::=

Gleitpunktzahl-ohne Genauigkeit [(Genauigkeit)]

90 Gleitpunktzahl-ohne Genauigkeit ::=

{ { [Ziffer...].Ziffer...
Ziffer... . } [Exponent]
Ziffer... Exponent }

100 Exponent ::=
E {[+]|-} [Ziffer] Ziffer

110 Bitkettenkonstante ::=
{ 'B1-Ziffer...' {B | B1}
'B2-Ziffer...' B2
'B3-Ziffer...' B3
'B4-Ziffer...' B4 }

120 B1-Ziffer ::=
0 | 1

130 B2-Ziffer ::=
0 | 1 | 2 | 3

140 B3-Ziffer ::=
0 | 1 | 2 | 3 | 4 | 5 | 6 | 7

150 B4-Ziffer ::=
0 | 1 | 2 | 3 | 4 | 5 | 6 | 7 | 8 | 9 | A | B | C | D | E | F

160 Zeichenkettenkonstante ::=
' { Zeichen-außer-Apostroph | '' } ...'

170 Zeichen-außer-Apostroph ::=
Ziffer | Buchstabe | ␣ | + | - | * | / | (|) | [|] | : | . | ; | , | = | < | >

180 Uhrzeitkonstante ::=
ganze-Zahl-ohne-Genauigkeit§für-Stunden :
ganze-Zahl-ohne-Genauigkeit§für-Minuten :
{ ganze-Zahl-ohne-Genauigkeit§für-Sekunden
Gleitpunktzahl-ohne-Genauigkeit§für-Sekunden }

190 Dauerkonstante ::=
{ Stundenangabe [Minutenangabe] [Sekundenangabe]
Minutenangabe [Sekundenangabe]
Sekundenangabe }

200 Stundenangabe ::=
ganze-Zahl-ohne-Genauigkeit HRS

210 Minutenangabe ::=
ganze-Zahl-ohne-Genauigkeit MIN

220 Sekundenangabe ::=
{ ganze-Zahl-ohne-Genauigkeit
Gleitpunktzahl-ohne-Genauigkeit } SEC

230 Markenkonstante ::=
Bezeichner

240 Programm ::=
Modul•••

250 Modul ::=
MODULE [(Bezeichner§des-Moduls)];
{ Systemteil [Problemteil]
Problemteil }
MODEND;

3.2. Problemteil

260 Problemteil ::=
PROBLEM; [Vereinbarung•••]

270 Vereinbarung ::=
Deklaration | Spezifikation

3.2.1. Deklarationen

280 Deklaration ::=
Längenvereinbarung |
Declare-Satz |
Prozedur-Deklaration | Task-Deklaration |
Format-Deklaration |
Typ-Vereinbarung | Operator-Vereinbarung | Rang-Vereinbarung

290 Längenvereinbarung ::=
LENGTH
{ FIXED | FLOAT | BIT | CHARACTER | CHAR } (Genauigkeit);

300 Declare-Satz ::=
{ DECLARE
DCL }
{ Bezeichner-Angabe [Dimensionsattribut]
{ Problemdaten-Attribut | Marken-Attribut | Bezugsattribut |
Sema-Attribut | Bolt-Attribut | Dation-Attribut } } ,··;

310 Bezeichner-Angabe ::=
Bezeichner | (Bezeichner,··)

320 Dimensionsattribut ::=
({ [[-] ganze-Zahl-ohne-Genauigkeit§für-untere-Grenze :]
[-] ganze-Zahl-ohne-Genauigkeit§für-obere-Grenze } ,··)

330 Problemdaten-Attribut ::=
[INV] { einfacher-Typ | strukturierter-Typ }
[Resident-Attribut] [Global-Attribut] [Initialisierungsattribut]

340 einfacher-Typ ::=
Typ-ganze-Zahl | Typ-Gleitpunktzahl |
Typ-Bitkette | Typ-Zeichenkette |
Typ-Uhrzeit | Typ-Dauer

350 Typ-ganze-Zahl ::=
FIXED [(Genauigkeit)]

360 Typ-Gleitpunktzahl ::=
FLOAT [(Genauigkeit)]

370 Typ-Bitkette ::=
BIT [(Länge)]

380 Typ-Zeichenkette ::=
{ CHARACTER | CHAR } [(Länge)]

390 Länge ::=
ganze-Zahl-ohne-Genauigkeit

400 Typ-Uhrzeit ::=
CLOCK

410 Typ-Dauer ::=
DURATION|DUR

420 strukturierter-Typ ::=
Typ-Struktur|Bezeichner§für-neu-vereinbarten-Typ

430 Typ-Struktur ::=
STRUCT [{[Bezeichner-Angabe§für-Strukturkomponente]
Typ-Attribut-in-Struktur-Vereinbarung},..]

440 Typ-Attribut-in-Struktur-Vereinbarung ::=
[Dimensionsattribut]
{einfacher-Typ| strukturierter-Typ|Typ-Referenz}

450 Resident-Attribut ::=
RESIDENT

460 Global-Attribut ::=
GLOBAL [(Bezeichner§Modul)]

470 Initialisierungsattribut ::=
{INITIAL|INIT} ({[+|-] Konstante}, ..)

480 Marken-Attribut ::=
[INV] LABEL
[Resident-Attribut][Initialisierungsattribut]

490 Bezugsattribut ::=
Typ-Referenz
[Resident-Attribut][Global-Attribut]

500 Typ-Referenz ::=
REF [virt-Dimensionsliste]
{ [INV] {einfacher-Typ | strukturierter-Typ | LABEL}
Typ-Dation | SEMA | BOLT | INTERRUPT | IRPT | SIGNAL }

510 virt-Dimensionsliste ::=
([,···])

520 Sema-Attribut ::=
SEMA [Resident-Attribut][Global-Attribut]
[PRESET (ganze-Zahl-ohne-Genauigkeit,··)]

530 Bolt-Attribut ::=
BOLT [Resident-Attribut][Global-Attribut]

540 Dation-Attribut ::=
Typ-Dation
[Resident-Attribut][Global-Attribut]
CREATED (Name§system-def-Dation)

550 Typ-Dation ::=
DATION Quelle-Senke-Attribut Klassenattribut
[Gliederung Zugriffsattribut][Kontroll-Attribut]

560 Quelle-Senke-Attribut ::=
IN | OUT | INOUT

570 Klassenattribut ::=
ALPHIC | BASIC | Typ-der-Übertragungsdaten

580 Typ-der-Übertragungsdaten ::=
ALL | einfacher-Typ | zusammengesetzter-Typ

590 zusammengesetzter-Typ ::=
EA-Struktur | Bezeichner§für-neuen-Typ-aus-einfachen-Typen |
ONEOF ({ einfacher-Typ | zusammengesetzter-Typ },··)

600 EA-Struktur ::=
STRUCT [EA-Strukturkomponente,··]

610 EA-Strukturkomponente ::=

Bezeichner-Angabe

{ einfacher-Typ | EA-Struktur |

Bezeichner§für-neuen-Typ-aus-einfachen-Typen }

620 Gliederung ::=

({ *| pgz} [,pgz [,pgz]]) [TFU [MAX]]

630 pgz ::=

ganze-Zahl-ohne-Genauigkeit§größer-Null

640 Zugriffsattribut ::=

{ DIRECT | FORWARD | FORBACK } { [NOCYCL] | CYCLIC } { [STREAM] | NOSTREAM }

650 Kontroll-Attribut ::=

CONTROL (ALL)

660 Prozedur-Deklaration ::=

{ Bezeichner : }... { PROCEDURE | PROC } [Liste-form-Parameter]

[Resultat-Attribut]

[Resident-Attribut][Reentrant-Attribut][Global-Attribut] ;

Prozedurkörper

END;

670 Liste-form-Parameter ::=

({ Bezeichner-Angabe [virt-Dimensionsliste]

Parametertyp [{ IDENT | IDENTICAL }] },··)

680 Parametertyp ::=

{ [INV]{einfacher-Typ | strukturierter-Typ | LABEL }}| Typ-Referenz |

SEMA | BOLT | INTERRUPT | IRPT | SIGNAL | Typ-Dation | Typ-Prozedur

690 Resultat-Attribut ::=

RETURNS (Resultat-Typ)

700 Resultat-Typ ::=
einfacher-Typ | LABEL | Typ-Referenz

710 Reentrant-Attribut ::=
REENT

720 Prozedurkörper ::=
[Vereinbarung...] [Anweisung...]

730 Task-Deklaration ::=
{ Bezeichner: }... TASK | Prioritätsangabe |
[Resident-Attribut] [Global-Attribut] ;
Prozedurkörper
END;

740 Prioritätsangabe ::=
{ PRIORITY | PRIO } pgz

750 Format-Deklaration ::=
{ Bezeichner : }... FORMAT (Format-Position, ..) ;

760 Typ-Vereinbarung ::=
TYPE Bezeichner§für-Typ Typ-Struktur ;

770 Operator-Vereinbarung ::=
OPERATOR Op-Name ([Op-Parameter,] Op-Parameter)
Resultat-Attribut ;
Prozedurkörper
END;

780 Op-Name ::=
Bezeichner | + | - | * | / | ** | // | = | == | /= | <= | >= | < | > | <> | ><

790 Op-Parameter ::=
Bezeichner [virt-Dimensionsliste]
Parameter-Typ [IDENT | IDENTICAL]

800 Rang-Vereinbarung ::=
PRECEDENCE Op-Name ({1 | 2 | 3 | 4 | 5 | 6 | 7});

3.2.2. Spezifikationen

810 Spezifikation ::=

{ SPECIFY | SPC }

{ Bezeichner-Angabe { Spezifikationsattribut | Prozedur-Benutzungsattribut | Task-Benutzungsattribut } }, ·· ;

820 Spezifikationsattribut ::=

[virt-Dimensionsliste]

{{ [INV] {einfacher-Typ| strukturierter-Typ }} |

Typ-Referenz | SEMA | BOLT | INTERRUPT | IRPT | SIGNAL | Typ-Dation }

[Resident-Attribut][Global-Attribut]

830 Prozedur-Benutzungsattribut ::=

Typ-Prozedur

[Resident-Attribut][Reentrant-Attribut] Global-Attribut

840 Typ-Prozedur ::=

ENTRY [({[virt-Dimensionsliste]

Parametertyp [{ IDENTICAL | IDENT }]}, ··)]

[Resultat-Attribut]

850 Task-Benutzungsattribut

TASK [Resident-Attribut] Global-Attribut

3.2.3. Anweisungen

860 Anweisung ::=

[Markenkonstante :]··· unmarkierte-Anweisung

870 unmarkierte-Anweisung ::=

Zuweisung | Block | seq-Steueranweisung | Echtzeit-Anweisung |

EA-Anweisung

880 Zuweisung ::=

{ Name§skalare-Variable | Dereferenzierung | Kettenausschnitt } { := | = } Ausdruck;

890 Name ::=

{ Bezeichner [(Index , ··)] } . ··

900 Index ::=

Ausdruck§mit-ganzer-Zahl-als-Wert

910 Kettenausschnitt ::=

Name§Kette . { BIT | CHAR | CHARACTER } ({ pgz [: pgz] | Bezeichner [: Bezeichner + pgz] })

920 Dereferenzierung ::=

CONT { Name§Referenz | Funktionsaufruf }

930 Ausdruck ::=

[monadischer-Operator] Operand dyadischer-Operator ··

940 monadischer-Operator ::=

+ | - | Bezeichner§monad-Operator

950 dyadischer-Operator ::=

+ | - | * | / | // | ** | < | > | <= | >= | == | /= | >< | <> |
Bezeichner§dyad-Operator

960 Operand ::=

Konstante | Name | Funktionsaufruf | bedingter-Ausdruck |
Dereferenzierung | Kettenausschnitt | (Ausdruck)

970 Funktionsaufruf ::=

Bezeichner§Funktionsprozedur [Liste-akt-Parameter]

980 Liste-akt-Parameter ::=

(Ausdruck, ··)

990 bedingter-Ausdruck ::=

IF Ausdruck THEN Ausdruck ELSE Ausdruck FIN

1000 Block ::=
BEGIN [;][Vereinbarung]··· [Anweisung]··· END;

1010 seq-Steueranweisung ::=
Sprung-Anweisung | bedingte-Anweisung | Anweisungsauswahl |
Leeranweisung | Wiederholung | Call-Anweisung |
Return-Anweisung

1020 Sprung-Anweisung ::=
GOTO Name§Marke;

1030 bedingte-Anweisung ::=
IF Ausdruck
THEN Anweisung ···[ELSE Anweisung ···] FIN;

1040 Anweisungsauswahl ::=
CASE Ausdruck§mit-ganzer-Zahl-als-Wert
{ ALT Anweisung ··· } ···
[OUT Anweisung ···]
FIN;

1050 Leeranweisung ::=
[SKIP];

1060 Wiederholung ::=
[FOR Bezeichner§Laufvariable]
[FROM Ausdruck§Anfangswert]
[BY Ausdruck§Schrittweite]
[TO Ausdruck§Endwert]
[WHILE Ausdruck§Bedingung]
REPEAT [;]
[Vereinbarung]··· [Anweisung]···
END;

1070 Call-Anweisung ::=
CALL Bezeichner§Unterprogramm-Prozedur [Liste-akt-Parameter];

1080 Return-Anweisung ::=
RETURN [(Ausdruck)];

1090 Echtzeit-Anweisung ::=
Task-Steueranweisung | Task-Koordinierungsanweisung |
Interrupt-Anweisung | Signal-Anweisung

1100 Task-Steueranweisung ::=
Task-Starten | Task-Beenden | Task-Anhalten | Task-Fortsetzen |
Task-Verzögern | Task-Ausplanen

1110 Task-Starten ::=
[Startbedingung]
ACTIVATE Bezeichner§Task [Prioritätsangabe];

1120 Startbedingung ::=
{ AT Ausdruck§Uhrzeit [Frequenz]
AFTER Ausdruck§Dauer [Frequenz]
WHEN Name§Interrupt [AFTER Ausdruck§Dauer][Frequenz]
Frequenz }

1130 Frequenz ::=
{ EVERY | ALL } Ausdruck§Dauer
[{ UNTIL Ausdruck§Uhrzeit}|{DURING Ausdruck§Dauer }]

1140 Task-Beenden ::=
TERMINATE [Bezeichner§Task];

1150 Task-Anhalten ::=
SUSPEND [Bezeichner§Task];

1160 Task-Fortsetzen ::=
[{ AT Ausdruck§Uhrzeit
AFTER Ausdruck§Dauer
WHEN Name§Interrupt }]

CONTINUE { Bezeichner§Task [Prioritätsangabe]
Prioritätsangabe };

1170 Task-Verzögern ::=

{ AT Ausdruck§Uhrzeit
AFTER Ausdruck§Dauer
WHEN Name§Interrupt } RESUME [Bezeichner§Task];

1180 Task-Ausplanen ::=

PREVENT [Bezeichner§Task];

1190 Task-Koordinierungsanweisung ::=

{ REQUEST Name§Sema ,·· ;
RELEASE Name§Sema ,·· ;
RESERVE Name§Bolt ,·· ;
FREE Name§Bolt ,·· ;
ENTER Name§Bolt ,·· ;
LEAVE Name§Bolt ,·· ; }

1200 Interrupt-Anweisung ::=

{ ENABLE Name§Interrupt ;
DISABLE Name§Interrupt ;
TRIGGER Name§Interrupt ; }

1210 Signal-Anweisung ::=

{ ON Name§Signal ,·· : { unmarkierte-Anweisung | ; }
INDUCE Name§Signal ; }

1220 EA-Anweisung ::=

Open-Anweisung | Close-Anweisung |
Read-Anweisung | Write-Anweisung |
Get-Anweisung | Put-Anweisung |
Take-Anweisung | Send-Anweisung

1230 Open-Anweisung ::=

OPEN Name§Dation [BY Open-Parameter ,··];

1240 Open-Parameter ::=

IDF ({ Name§Character-Variable | Zeichenkettenkonstante }) |
OLD | NEW | ANY | CAN | PRM

1250 Close-Anweisung ::=

CLOSE Name§Dation [BY Close-Parameter ,··];

```
1260  Close-Parameter ::=
          CAN | PRM

1270  Read-Anweisung ::=
          READ [{ Name | Ausschnitt }, ·· ] FROM Name§Dation
          [BY Position,·· ];

1280  Ausschnitt ::=
          Bezeichner ([ - ] ganze-Zahl-ohne-Genauigkeit :
                      [ - ] ganze-Zahl-ohne-Genauigkeit)

1290  Position ::=
             { COL | LINE } (Ausdruck)
             POS (Ausdruck [ , Ausdruck [ , Ausdruck ]])
             { X | SKIP | PAGE } [ (Ausdruck) ]
             ADV (Ausdruck [, Ausdruck [ , Ausdruck]])

1300  Write-Anweisung ::=
          WRITE [{Ausdruck | Ausschnitt }, ·· ] TO Name§Dation
          [BY Position,·· ];

1310  Get-Anweisung ::=
          GET [{Name | Ausschnitt }, ·· ] FROM Name§Dation
          [BY Format-Position , ·· ];

1320  Format-Position ::=
          { [ Faktor ] {Format | Position }      }
          {   Faktor  ( Format-Position , ·· )   }

1330  Faktor ::=
          (pgz)

1340  Format ::=
          (  { F | E } (Ausdruck [, Ausdruck [, Ausdruck ]])  )
          (  { B | B1 | B2 | B3 | B4 | A } [(Ausdruck) ]       )
          {  { T | D } (Ausdruck [ , Ausdruck ] )              }
          (  LIST                                              )
          (  R (Bezeichner§Format)                             )
```

1350 Put-Anweisung ::=

PUT [{ Ausdruck | Ausschnitt }, ··] TO Name§Dation
[BY Format-Position , ··];

1360 Take-Anweisung ::=

TAKE [{ Name | Ausschnitt }, ··] FROM Name§Dation
[BY Format-Postion , ··];

1370 Send-Anweisung ::=

SEND [{ Ausdruck | Ausschnitt }, ··] TO Name§Dation
[BY Format-Position , ··];

3.3 Systemteil

1380 Systemteil ::=

SYSTEM ; [Verbindung ···]

1390 Verbindung ::=

```
                ( { ->  }                     )
Anschluß [      { { <-  } [ Anschluß + ·· ]   }  ];
                { { <-> }                     }
                (                             )
                ( + Anschluß + ··             )
```

1400 Anschluß ::=

```
[Benutzername : ]···[Systemname ]
     ( Bezeichner§Anschlußstelle                 )
[ * { nngz§Anschlußnummer                        }   [ ,nngz§Anzahl ] ]
     ( (nngz : nngz[ /nngz§Schrittweite ])       )
```

1410 Benutzername ::=

Bezeichner [(nngz§untere-Grenze : nngz§obere-Grenze)]

1420 nngz ::=

ganze-Zahl-ohne-Genauigkeit§nicht-negativ

1430 Systemname ::=

Bezeichner [(nngz§untere-Grenze [: nngz§obere-Grenze])]

3.4 Syntax-Register

Dieses Register enthält die Namen aller in 3.1 bis 3.3 definierten Sprachformen. Zu jedem Namen ist angegeben, unter welcher Nummer die Sprachform definiert oder benutzt wird; die Nummer der Definition ist jeweils unterstrichen.

Anschluß	1390, 1400
Anweisung	720, 860, 1000, 1030, 1040, 1060
Anweisungsauswahl	1010, 1040
Ausdruck	880, 900, 930, 960, 980, 990, 1030, 1040, 1060, 1080, 1120, 1130, 1160, 1170, 1290, 1300, 1340, 1350, 1370
Ausschnitt	1270, 1280, 1300, 1310, 1350, 1360, 1370
bedingte-Anweisung	1010, 1030
bedingter-Ausdruck	960, 990
Benutzername	1400, 1410
Bezeichner	30, 230, 250, 310, 420, 460, 590, 610, 660, 730, 750, 760, 780, 790, 890, 910, 940, 950, 970, 1060, 1070, 1110, 1140, 1150, 1160, 1170, 1180, 1280, 1340, 1400, 1410, 1430
Bezeichner-Angabe	300, 310, 430, 610, 670, 810
Bezugsattribut	300, 490
Bitkettenkonstante	40, 110
Block	870, 1000
Bolt-Attribut	300, 530
Buchstabe	20, 30, 170
B1-Ziffer	110, 120
B2-Ziffer	110, 130
B3-Ziffer	110, 140
B4-Ziffer	110, 150
Call-Anweisung	1010, 1070
Close-Anweisung	1220, 1250
Close-Parameter	1250, 1260
Dation-Attribut	300, 540
Dauerkonstante	40, 190
Declare-Satz	280, 300

4. EINSCHRÄNKUNGEN GEGENÜBER FULL PEARL

In diesem Abschnitt werden die Einschränkungen von mbp-PEARL gegenüber Full PEARL stichwortartig beschrieben.

Datentypen

- Keine Bereiche von Prozeduren, Formaten und Tasks
- Nur statische Bereichsgrenzen
- Bereichsausschnitte nur in EA-Anweisungen und nur mit statischen Grenzen
- Zeichenketten-Objekte nur mit statischer Länge
- Keine in Klammern vorangestellten Wiederholungsfaktoren bei Bit- und Zeichenkettenkonstanten.

Deklarationen

- Längenvereinbarung nur auf Modulebene
- Deklaration und Spezifikation von Datenstationen, Interrupts, Signalen, Sema- und Boltvariablen nur auf Modulebene
- Keine Subtasks
- Keine globalen Formate
- Außer bei formalen Prozedurparametern kein Identitätsattribut
- Im Initialisierungsattribut nur Konstanten, eventuell mit Vorzeichen
- Formate nicht als Parameter
- Als Operator- und Funktionsprozedur-Ergebnis nur einfache Typen, LABEL-Objekte und Referenz-Variablen
- Kein INLINE bei Prozeduren

Anweisungen

- Nur absolute Task-Prioritäten
- Als Task-Prioritäten nur positive ganze Zahlen
- Kein USING Semaphor bei ACTIVATE

- Keine Listen von Startbedingungen
- Keine Startbedingung bei SUSPEND, TERMINATE, PREVENT
- Bei CONTINUE und RESUME nur einfache Startbedingungen
- Keine Ausschnitte von Interruptbereichen

Ausdrücke

- Bereichsausschnitte nur in EA-Anweisungen und nur mit konstanten Grenzen
- Keine (geklammerte) Zuweisung als (Teil-) Ausdruck
- keine Mehrfachzuweisung
- Zuweisung nur an skalare Objekte

Ein/Ausgabe

- Keine benutzerdefinierten Interfaces zwischen Datenstationen
- Deklaration von benutzerdefinierten Datenstationen nur in Form des Attributs CREATED und nur auf Modulebene; kein CREATE und kein DELETE
- Kein Interrupt- und kein Signal-Kanal bei Datenstationen
- Kein BACKWARD
- Keine Liste bei CONTROL, sondern nur ALL
- Bereiche als Typ-der-Übertragungsdaten nicht zugelassen
- Keine DATION-DATION-Datenübertragung
- Keine graphische Ein/Ausgabe
- Kein Ausdruck als Format-Faktor

REGISTER

Dieses Register gibt für die wichtigsten Begriffe an, auf welcher Seite sie beschrieben sind. Dabei bedeutet beispielsweise "bedingter Ausdruck II/5 - 3", daß dieser Begriff im Teil II auf Seite 5 - 3 definiert wird.